基于电荷调控的新型单原子光催化材料设计策略及其 CO_2 还原性能研究

白林鹭◎著

黑龙江大学出版社
HEILONGJIANG UNIVERSITY PRESS

哈尔滨

图书在版编目（CIP）数据

基于电荷调控的新型单原子光催化材料设计策略及其
CO_2 还原性能研究 / 白林鹭著． -- 哈尔滨 ： 黑龙江大学
出版社，2024.4（2025.3 重印）
ISBN 978-7-5686-1149-7

Ⅰ．①基… Ⅱ．①白… Ⅲ．①光催化－材料－研究
Ⅳ．① TB383

中国国家版本馆 CIP 数据核字（2024）第 086344 号

基于电荷调控的新型单原子光催化材料设计策略及其 CO_2 还原性能研究
JIYU DIANHE TIAOKONG DE XINXING DANYUANZI GUANG CUIHUA CAILIAO SHEJI CELUE
JI QI CO_2 HUANYUAN XINGNENG YANJIU

白林鹭 著

责任编辑 俞聪慧 梁露文
出版发行 黑龙江大学出版社
地 址 哈尔滨市南岗区学府三道街 36 号
印 刷 三河市金兆印刷装订有限公司
开 本 720 毫米 ×1000 毫米 1/16
印 张 12.25
字 数 206 千
版 次 2024 年 4 月第 1 版
印 次 2025 年 3 月第 2 次印刷
书 号 ISBN 978-7-5686-1149-7
定 价 49.00 元

本书如有印装错误请与本社联系更换，联系电话：0451-86608666。

前　言

随着全球气候变化问题日益严峻,发展能够在降低 CO_2 排放水平的同时生产出能源物质等高经济价值化学品的 CO_2 高效转化催化技术,对于实现碳中和目标具有重要意义。在众多催化路径中,利用清洁的太阳能驱动 CO_2 还原转化为具有高附加值的碳氢燃料的绿色光催化技术展现出巨大的发展潜力。其中,单原子催化剂,即在半导体材料表面负载部分带电的金属单原子作为催化位点,已成为备受瞩目的前沿光催化剂。这些单原子位点不仅具有高金属原子利用率和独特电子性质,而且可通过直接与半导体材料结合以显著促进光生电荷载流子的分离和转移。另外,其明确可调的金属催化位点结构,常表现出显著提升的催化活性和特殊的选择性,从而可提升催化性能。因此,单原子光催化材料有望实现高效的光催化 CO_2 转化,但发展单原子光催化剂的设计策略与合成方法仍面临挑战。

本书旨在基于对光生电荷转移及催化反应引发机制的深入认识,探究影响其构效关系、催化过程机制和性能的关键因素,总结基于光生电荷调控的新型单原子光催化材料设计策略与合成方法。本书主要研究两种光催化材料。首先是关于金属酞菁/传统半导体二维异质结光催化材料的构建及性能研究。针对传统无机半导体材料 TiO_2 和有机半导体氮化碳(CN)及硼掺杂氮化碳(BCN)光生电荷分离差、缺乏 CO_2 还原催化位点等方面的缺陷,采用金属酞菁配合物(MPc)与传统半导体构建异质结,以促进电荷分离,同时利用 MPc 中精确配位的单金属 M—N_4 位点作为催化中心,促进选择性催化转化。结果表明,MPc 修饰可以显著促进电荷分离,其单原子 M—N_4 位点作为催化位点可以有效提升 CO_2 还原等反应效率,显著改善光催化 CO_2 还原等性能。利用时间分辨及原位光谱技术,并结合理论计算,确认了从半导体到 MPc 配体,进而到 M—N_4 中心的电荷转移路径,以及催化反应的引发机制。其次是关于氧簇锚定单原子修饰的二维异质结光催化材料的构建及性能研究。在单组分有机半导体氮化碳和 Z 型光催化体系中，通过引入硼氧、钛氧等均匀氧簇，利用氧原子锚定 Ni、Co 等过渡金属单原子，以促进光生电子转移，同时利用配位可调的 M—O$_x$ 金属单原子位点促进 CO$_2$ 及 H$_2$O 分子的吸附活化。结果表明，引入单原子位点可以有效促进半导体及 Z 型光催化体系的电荷分离，显著提升 CO$_2$ 还原反应性能。利用原位光谱技术及理论计算可验证光生电荷转移及催化反应引发机制。

希望本书能为设计合成用于生产太阳能燃料的高效单原子异质结光催化材料提供可行方法和理论依据，为推动 CO$_2$ 还原技术发展、实现碳减排和资源循环利用贡献力量。

目　录

第 1 章 绪 论

1.1 引言

通过清洁的太阳能驱动 CO_2 还原转化为具有高附加值的碳氢燃料的光催化技术,已经成为具有发展潜力的绿色"减碳"途径之一。然而,目前光催化 CO_2 还原转化效率及选择性仍有不足。因此,研发新型高效的光催化材料至关重要。构建基于光生电荷有效调控的新型单原子光催化材料体系具有重要意义,同时,深入阐明单原子与光催化性能的构效关系是实现高效光催化 CO_2 还原转化的关键所在。

1.2 半导体光催化技术

1.2.1 半导体光催化技术简介

随着环境问题的日益严重和能源枯竭情况的日益加剧,各国越来越重视控制环境污染和研发新能源。1972 年,Fujishima A. 和 Honda K. 首次发表了关于光电催化水分解制氢的研究,这一发现开启了新的研究领域——光催化技术。

光催化技术具有诸多显著优点。首先,它利用的能源是清洁且相当长时间不会枯竭的太阳能,这保证了其绿色性和可持续性,符合人类可持续发展的理念。其次,光催化实验对设备的要求相对较低,不需要苛刻的反应条件,操作便捷,能显著降低生产成本并提高生产效率。其次,光催化剂毒性较低,对环境和人体的危害较小,其稳定性也好,还可循环使用。光催化技术一经发明,便被迅速应用于多个领域,并有望取代传统催化技术,被广泛应用于现代工业生产中。

在几十年的研究中,科学家们利用光催化技术在光解水制氢、污染物降解、有机物合成以及 CO_2 还原等领域取得了重大的突破。同时,科学家们也成功研发了众多半导体光催化剂,如 CdS、C_3N_4、WO_3、$BiOCl$、$SrTiO_3$、GaN 等。

虽然光催化技术经过数十年的发展已成为催化领域一个成熟的分支,但目前仍面临光利用率低、载流子分离效率不理想以及载流子复合速度快等问题。这些问题限制了光催化技术的进一步发展。目前大多数研究仍停留在实验室阶段,尚未达到工业化应用水平。因此,需要加大研究力度,突破这些技术瓶颈,以推动光催化技术的工业化进程。

1.2.2　半导体光催化反应的基本原理

光催化技术中最重要的结构单元是光催化剂,通常由半导体材料构成。半导体材料由能量较高而不充满电子的导带以及能量较低且充满电子的价带组成。导带和价带之间的区域没有填充电子,这一区域被称为禁带。

半导体光催化反应过程主要包含三个部分。首先,具有足够能量的入射光激发半导体光催化剂的价带电子,使其吸收能量后跃迁至导带,同时价带上产生空穴。其次,产生的电子和空穴在内建电场或者扩散作用下分别迁移至半导体表面。最后,具有还原能力的电子和具有氧化能力的空穴分别与吸附在半导体表面上的物质发生氧化还原反应。

因此,光催化体系在设计时需要特别关注以下三个方面。首先,要确保合适的能带结构。这既要满足反应底物的氧化还原电位,也要尽量提升光的吸收效率。其次,光生载流子的分离效率至关重要。光生电子和空穴在迁移过程中可能会发生复合,这会导致反应中活性物种损失,从而降低催化效率。因此,需要设计能够高效分离载流子的半导体材料。最后,反应底物在半导体上的吸附以及产物在半导体上的脱附也是需要考虑的因素。反应底物高效吸附和产物快速脱附有助于保证反应快速进行,进而提高整体的反应效率。

1.2.3　半导体光催化技术应用

光催化技术经过数十年发展,已经被广泛应用于多个研究领域。其中包括光催化水分解制氢,该技术能替代化石能源,节能环保,而且它还具有成本低廉的优点;污染物降解,光催化技术在进行污染物降解时展现出绿色环保、无二次污染的特点;CO_2 还原,即利用光催化技术将 CO_2 转化为甲烷、甲醇、甲酸等高价值有机化合物。在这些领域,研究者们已经进行了大量的研究工作,取得了显著的进展。

1.2.3.1 光催化水分解制氢

利用太阳能驱动的光催化水分解制氢是解决环境污染问题、发展可持续清洁能源极具前景的途径之一。式(1-1)表示光催化水分解制氢效率(η)的三大影响因子:

$$\eta = \eta_1 \times \eta_2 \times \eta_3 \qquad\qquad (1-1)$$

η_1:光吸收效率;

η_2:电荷分离效率;

η_3:表面催化反应效率。

在催化过程中,光吸收效率直接影响半导体产生电子-空穴对的效率。光生电子参与氢离子还原,生成 H_2;光生空穴参与水氧化,生成 O_2。电荷分离效率越高,参与反应的电子与空穴就越多,光催化水分解效率也越高。此外,半导体的活性位点还会影响光生电子-空穴在迁移到半导体表面时与反应底物发生反应的速率,进而影响整体的光催化水分解效率。为了提升光催化水分解效率,可以采取多种重要手段,如提高光吸收效率、电荷分离效率以及表面催化反应效率等。

1.2.3.2 光催化污染物降解

人口增长和社会工业化进程推进导致的水体污染问题不容忽视。尽管吸附法、膜分离法、沉淀法、生物化学法和反渗透法等传统水净化技术可以解决一部分水污染问题,但它们也存在诸多缺陷。例如,虽然活性炭可以通过简单的物理吸附手段净化水源,但存在操作不便、固体废物及危险废物处理困难且处理成本高等缺点。类似的缺陷限制了相关技术的应用。光催化技术作为最有希望推广的降解污染物的途径之一,具有清洁和环保的特点。

1.2.3.3 光催化 CO_2 还原

光催化技术可以利用太阳能将 CO_2 转换成具有高附加值的碳氢燃料,这种技术在缓解温室效应的同时还能解决能源短缺问题,符合绿色可持续发展的理念。一般水相 CO_2 还原反应是将适量的水与催化剂混合,在 CO_2 气氛和光照条件下进行反应。因为反应过程复杂且涉及多电子转移,所以产物呈现出多样性。其还原产物包括 C_1 产物,如 CO,CH_4,$HCOOH$ 等;也包括 C_2 产物,如 CH_3CH_2OH,$CH_2=CH_2$ 等,甚至可以产生 C_{2+} 产物。在反应体系中,水最终大部分转化为 O_2 和 H_2。

1.3 光催化 CO_2 还原基本原理

1.3.1 CO_2 还原反应的重要性

随着全球工业化和人口增长,全球对能源的需求持续增长。现如今,全球 80% ~ 90% 的能源消耗依赖于化石燃料。这种依赖导致大气中的 CO_2 等温室气体浓度逐年上升。世界气象组织(WMO)发布的《2024 年温室气体公报》指出,2023 年全球温室气体水平创下新纪录,全球 CO_2 在 20 年里增加了 10% 以上。这表明人类活动排放的温室气体持续在大气中累积。应对气候变化、全球温室气体减排、碳中和面临的压力依旧很大。因此,减少排放温室气体,开发新的清洁能源技术,已经刻不容缓。

1.3.2 光催化 CO_2 还原技术

目前,世界各国在积极寻找减少化石燃料使用、发展可再生能源的策略,如提高化石能源的利用效率、降低人均能源使用量、开发可再生能源(如太阳能、风能、潮汐能、生物质能等),以及发展有效的 CO_2 捕获和转化技术等。这些策略旨在推动能源结构的转型和升级。

迄今为止,研究者们已经发展了多种催化技术(如光催化、热催化、电催化等)。其中,光催化 CO_2 还原技术因其独特的优势而备受关注。该技术借鉴了自然界中植物的光合作用,将温室气体 CO_2 转化成具有高附加值的含碳化学品,实现太阳能到化学能的转化,同时实现零污染生产,具备可持续性和清洁性。光催化技术可以利用取之不尽的太阳能资源,同时不会产生二次污染。

1.3.3 光催化 CO_2 还原机制

光催化 CO_2 还原过程的基本步骤包括:催化剂受光激发产生电子 – 空穴对,随后电子 – 空穴对快速分离并传输至半导体表面。在半导体表面,空穴与 H_2O 接触,使之氧化为 O_2 并释放氢离子。电子则迁移至半导体表面,与 CO_2 以及氢离子反应生成 CO、CH_4 等具有高附加值的化学品。同时,反应也会产生 H_2 等副产物。图 1 – 1 展示了半导体材料光催化 CO_2 还原的基本原理。

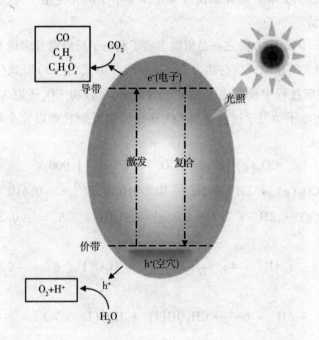

图 1 – 1　半导体材料光催化 CO_2 还原的基本原理示意图

1.3.4 影响光催化 CO_2 还原效率的因素

光催化 CO_2 还原的总效率主要由催化剂的光吸收效率、光生载流子的分离和迁移效率以及表面催化反应效率三个方面决定。因此,提升这些效率是提升光催化 CO_2 还原效率的有效手段。从热力学的角度来看,CO_2 作为高度稳定的化学物质,其最高占据分子轨道和最低未占据分子轨道之间存在较大的带隙,约为 13.7 eV,因此需要很高的能量,约 750 kJ·mol,来打破 C═O 键。此外,多数的 CO_2 还原反应是 CO_2 与 H_2O 反应生成碳氢化合物,该反应的吉布斯自由能变化(ΔG)远大于光催化水分解所产生的能量。因此,驱动 CO_2 还原反应的难度较高。反应第一步是 CO_2 化学吸附在催化剂的表面,CO_2 的直线型结构将会转变成弯曲结构($CO_2^{\cdot-}$),这一步有助于降低 CO_2 的活化势垒。然而,由式(1 - 2)可知,通过单电子将 CO_2 还原成 $CO_2^{\cdot-}$ 需要 - 1.900 V 的还原电位,这难以满足热力学过程的要求。高势垒使得半导体导带中的光生电子无法提供足够的氧化还原电势。

解决这一问题的方法之一是借助多质子和电子反应避开形成 $CO_2^{\cdot-}$ 的反应路径,以降低 CO_2 还原反应的热力学势能要求。由式(1 - 3)至式(1 - 7)可知,根据还原反应过程中所需电子和质子的数量,可以将 CO_2 还原为多种含碳产物。然而,多电子动力学过程使得 CO_2 还原机制复杂且难以完全解释,因此仍需进一步研究。

$$CO_2(g) + e^- \rightarrow CO_2^{\cdot-} \quad E^{\ominus} = -1.900 \text{ V} \quad\quad (1-2)$$

$$CO_2(g) + 2H^+ + 2e^- \rightarrow HCOOH(l) \quad E^{\ominus} = -0.610 \text{ V} \quad\quad (1-3)$$

$$CO_2(g) + 2H^+ + 2e^- \rightarrow CO(g) + H_2O(l) \quad E^{\ominus} = -0.530 \text{ V}$$
$$(1-4)$$

$$CO_2(g) + 4H^+ + 4e^- \rightarrow HCHO(g) + H_2O(l) \quad E^{\ominus} = -0.480 \text{ V}$$
$$(1-5)$$

$$CO_2(g) + 6H^+ + 6e^- \rightarrow CH_3OH(l) + H_2O(l) \quad E^{\ominus} = -0.380 \text{ V}$$
$$(1-6)$$

$$CO_2(g) + 8H^+ + 8e^- \rightarrow CH_4(g) + 2H_2O(l) \quad E^{\ominus} = -0.240 \text{ V}$$
$$(1-7)$$

值得注意的是,H_2O 氧化半反应是光催化 CO_2 还原反应的重要组成部分,它会影响光生电荷复合和 CO_2 还原的效率。在一些催化体系中,可用牺牲剂(如醇和有机胺)来捕获光生空穴并促进氧化半反应的进行。但是,牺牲剂一旦被消耗完,反应便会停止。

理想的状况是以 H_2O 为溶剂和氧化剂,直接生成氢离子和 O_2 或 ·OH,如式(1-8)和式(1-9)所示。产生的质子可进一步反应生成 H_2,如式(1-10)所示。从式(1-6)、式(1-7)、式(1-10)可以看出,热力学中 CO_2 转化为 CH_3OH 和 CH_4 的反应比双电子析氢反应更容易发生。但是这些还原产物的还原电位比较相近,在水体系中很难实现 CO_2 还原产物高选择性生成。因此,人们通常采用辅助催化剂抑制析氢过程的办法来提高 CO_2 还原反应的选择性。

另外,O_2 在催化剂表面的脱附对光催化 CO_2 还原也非常重要。O_2 的吸附能力更强,可能占据 CO_2 在催化剂表面的吸附活性位点,从而抑制 CO_2 进一步还原,降低其催化活性。此外,从式(1-11)可以看出,将 O_2 还原为 O_2^- 的单电子反应也减少了本应参与 CO_2 还原反应的电子数。更糟糕的是,O_2 还可能氧化已经还原的碳氢化合物产物,进一步降低光催化效率。

$$2H_2O(l) + 4h^+ \rightarrow O_2(g) + 4H^+ \qquad E^\ominus = +0.810 \text{ V} \qquad (1-8)$$

$$H_2O(l) + h^+ \rightarrow OH + H^+ \qquad E^\ominus = +2.310 \text{ V} \qquad (1-9)$$

$$2H^+ + 2e^- \rightarrow H_2(g) \qquad E^\ominus = -0.420 \text{ V} \qquad (1-10)$$

$$O_2(g) + e^- \rightarrow O_2^- \qquad E^\ominus = -0.137 \text{ V} \qquad (1-11)$$

因此,设计高性能的 CO_2 还原光催化剂应考虑以下几个方面:(1)光催化剂应具有合适的价带、导带结构,其导带底要低于 CO_2 及其还原产物的氧化还原电位;(2)光催化剂应能有效分离和传输光生电子,使其能够参与 CO_2 的还原反应;(3)光生空穴应能被 H_2O 或其他牺牲剂有效消耗掉,以维持电子的持续供应;(4)光催化剂应具有合理的吸附位点,以便 CO_2 能够高效吸附并发生还原反应。

一般而言,高性能 CO_2 还原光催化材料应当具有合适的催化活性中心,CO_2 的吸附位点应位于电子富集区域附近,并且至少能够接受一个氢离子用于合成 CO、CH_4 等含碳产物。因此,要提高光催化 CO_2 还原的效率,就需要在材料的光吸收范围、电荷分离及转移性能、吸附位点设计以及催化活性位点数量和形状等方面加以改善。

1.4 单原子催化剂

单原子催化剂(SAC)是由金属单原子负载在半导体表面形成的催化剂。

这种催化剂具有独特的不饱和配位环境、100% 的金属原子利用率和独特的电子性质,因此在 CO_2 还原、产氢、污染物降解等多种光催化反应中展现出优异的性能。在光催化过程中,负载在半导体光催化剂上的单个金属原子不仅增加了活性位点的数量,还增强了每个活性位点对光催化的固有活性。由于不存在金属 – 金属键,单原子催化剂位点仅与半导体光催化剂发生配位,形成了可调谐的半导体 – 金属相互作用。这种相互作用可以促进光生电荷载流子分离与转移,并推动后续催化反应进行。此外,通过调整单原子催化剂的配位结构,可以进一步调控反应界面的微环境,从而增强催化剂的催化活性。除了调节材料的电荷分离性能,单原子位点还可以通过改变反应微环境活化反应物,提升催化效率,或是通过协同催化作用,进一步提升催化剂的反应活性、选择性,乃至改变反应的最终产物。

1.4.1 单原子催化剂的合成策略

单原子催化的核心任务是设计和构建单原子催化剂。合成单原子催化剂是将单金属原子有效分散在具有独特几何环境的锚定位点上。理论上,单原子催化剂的极限负载量受限于目标金属原子和锚定位点的最大匹配数。因此,合成单原子催化剂的关键在于将目标金属原子精准分散在锚定位点上,并抑制其在载体上的迁移和聚集。

1.4.1.1 小型化策略

为了获得单原子催化剂,研究者们采取了多种方法。一种有效的方法是减小载体上金属纳米颗粒的尺寸。例如,据报道,氧化铈上的 Au 可以在特定条件下浸出,留下分散的 Au 原子。此外,通过高温煅烧,金属纳米颗粒(如 Pt 纳米颗粒)可以在氧化气氛中碎裂成更小的颗粒,甚至达到单原子级别。Wei 等人还通过透射电子显微镜和原子分辨的扫描透射电子显微镜技术直接观察到了氮掺杂碳上的贵金属纳米颗粒(Pt、Pd、Au 纳米颗粒)在稀有气体中向热稳定单原子的转变。通过密度泛函理论(DFT)计算,他们进一步揭示了这种转变是由热力学更稳定的 Pd—N_4 结构的形成所驱动的。

1.4.1.2　原子级别精准调控

除小型化策略外,原子层沉积(ALD)技术也被广泛应用于合成具有原子精确设计和控制的催化剂。在 ALD 过程中,金属前体首先与载体上的活性位点反应。在去除过量的未反应的前体和反应副产物后,将另一种反应物泵入反应器中,以去除剩余的金属前体配体。最后,在表面反应完成后,对反应器进行清洗或抽空。通过控制这种 ALD 工艺,可以很容易地在高真空条件下、在载体上形成单个金属中心。到目前为止,许多单原子金属,如 Pt 和 Pd,已经通过 ALD 方法沉积在各种载体上。另一种精确控制金属团簇中原子种类和数量的技术是质量分离 – 软着陆法,可用于合成单原子催化剂。该方法使各种原子种类和数量可控的团簇,包括金属、金属氧化物和金属硫化物团簇,能够分散在不同的载体(金属、氧化物、碳)上,为原子水平的催化剂基础研究提供了理想的模型。

1.4.1.3　构建锚定位点

制造单原子催化剂的另一种有效策略是在载体上设计和构建单金属原子的表面锚定位点。通常存在的缺陷,如阴离子或阳离子空位、单原子台阶边缘,即载体的高能表面位点,会改变载体的表面电子性质。这些高能表面位点可以牢固地与外来原子锚定和结合,从而降低系统的总能量。此外,表面缺陷可以调节半导体载体的物理化学性质。因此,可以通过控制合成过程引入表面缺陷,进而合成各种单金属原子;并且,通过调节表面缺陷的浓度,可以方便地调节金属负载量和催化性能。

与高能表面位点不同,一些掺杂的杂原子,如 N 和 S,可以通过电子相互作用与金属原子直接配位,稳定金属原子,使之不迁移和聚集。例如, +2 价的单个 Fe 原子可以被具有两个空位的卟啉 N 锚定。进一步分析表明,卟啉Fe—N_4部分可以促进O—O键断裂,从而降低反应能垒,实现氧还原反应(ORR)的优异活性。除了上述设计的锚定位点外,单金属原子最常见的潜在锚定位点是存在于氧化物载体表面的羟基。据报道,通过调节溶液的 pH 值,羟基在零电荷点(PZC)以下被质子化并因此带正电,或者,在 PZC 以上被去质子化且因此带负电。金属阴离子如 $[PtCl_6]^{2-}$ 或阳离子如 $[Pt(NH_3)_4]^{2+}$ 可以通过强静电吸附牢固地锚定在载体表面上,进而通过去除不需要的配体获得稳定在载体上的单金属原子。除了羟基之外,表面单层乙二醇基团也被报道在紫外线照射下吸收 $PdCl_4{}^{2-}$ 以形成原子分散的 Pd 催化剂。

1.4.1.4　构建空间约束位点

尽管锚定位点可以与金属原子结合,但催化反应中分离原子的聚集仍然是一个很大的问题。解决这个问题的有效方法之一是将单个金属原子有效地封装在受限空间中或将已分离的金属原子在空间上分隔。近年来,具有独特微孔的材料已被广泛用作合成单原子催化剂的载体。例如,金属阳离子配合物 $[Pt(NH_3)_4]^{2+}$ 可以通过离子交换过程进入沸石的规则三维分子尺度孔隙,占据沸石骨架中的阳离子位点。通过随后的煅烧处理,被限制的分离的 Pt 金属原子被相邻的氧原子接枝并稳定。与通过离子交换过程吸收金属阳离子配合物不同,Liu 等人开发了一种新的方法,在二维沸石转化为三维沸石的过程中制备沸石限制的单 Pt 原子催化剂。在这个过程中,Pt 配合物在溶胀过程中被捕获到层状沸石前体中,然后煅烧以去除表面活性剂分子,实现 Pt 原子在沸石中的分散。与将金属原子约束在受限空间中的方法不同,Wei 及其同事提出了一种"冰浴光化学还原"法,以此方法制备原子分散金属催化剂。在合成过程中,将含有目标金属离子的前驱体溶液置于冰浴中,低温有助于抑制金属离子的迁移和采集。使用紫外光照射冰浴中的前驱体溶液,触发光化学还原反应,进而将金属离子还原为金属原子。

1.4.1.5　单原子金属配合物再构建

除了在材料上构建锚定单原子的位点来构建单原子催化剂外,利用本身含有单原子位点的金属配合物或利用具有单原子位点的拓扑材料,如卟啉、酞菁等,来获得单原子催化材料也是一种高效可行的方案。该方案不仅能确保金属单原子的形态,同时也可以调控金属单原子的种类以改变材料的电荷传输能力及催化效率。例如,Zhao 等人使用 5,10,15,20 — 四(4 – 羧基苯基)卟啉锌(Ⅱ)

作为配体,以叶轮状锌金属节点 $[Zn_2(COO)_4]$ 作为建筑单元辅助合成了二维 $Zn-MOF$。在 $Zn-MOF$ 中,金属节点 $Zn_2(COO)_4$ 作为催化位点分布均匀,表现出了极高的光催化 CO_2 还原活性。Chu 等人也利用含有 Co 单原子的金属酞菁作为光敏剂,利用磷酸基团通过强化氢键界面连接诱导构建 $CoPc/g-C_3N_4$ 超薄异质结,该材料展现出了光催化 O_2 活化的活性。

1.4.1.6 其他合成策略

除了上述方法外,研究人员还开发了一些其他途径来合成单原子光催化剂。例如,Cui 等人开发了一种实用的方法,将三维过渡金属原子结合到二维材料中。他们通过将 Fe 单原子锚定在石墨烯中,创造了一个具有高催化活性和稳定性的催化剂体系。Zhang 等人通过电势循环方法将 Pt 单原子锚定在由 Ni 泡沫支撑的 CoP 基纳米管阵列上。Xue 等人通过电化学沉积法将 Ni 和 Fe 的 0 价单原子锚定在石墨炔上用于析氢。

1.4.2 单原子催化剂的特点

随着纳米颗粒尺寸减小,表面原子数与总原子数的比例显著增加。大量的不饱和表面原子可显著影响纳米颗粒的表面结构和电子性质,这从本质上影响了它们的催化活性、催化稳定性和催化选择性等性能。不断缩小纳米颗粒的尺寸将产生具有独特的几何和电子结构的不饱和配位构型的单原子催化剂。除此之外,单原子催化剂还易于分离,具有较好的稳定性与可重复利用性。

1.4.2.1 单原子催化剂的结构特性

具有极高表面能的孤立金属原子总是倾向于迁移和聚集,形成纳米颗粒。因此,将独特几何结构环境中的单金属原子锚定在载体上是合成单原子催化剂的关键步骤。通过适用的键或受限空间对单金属原子的有效稳定可提升单原子催化剂的耐久性、催化活性和选择性。

（1）氧配位

据报道，金属氧化物上丰富的表面氧原子可以与孤立的金属原子结合，限制其迁移和聚集。例如，FeO_x 载体上的单个 Pt 原子与三个 O 原子配位，这一点为 Pt_1/FeO_x 的扩展 X 射线吸收精细结构（EXAFS）所证明。DFT 计算进一步表明，位于 Fe_2O_3（001）的 O_3 封端表面的 Pt 原子，其存在状态类似于 O_3 封端表面的 Fe 原子被孤立的 Pt 原子所取代的情况。与 Pt_1/FeO_x 不同，Huang 等人发现单个 Pt 原子与 Al_2O_3 载体上的四个 O 原子配位，这意味着单原子的几何环境取决于支撑体的表面结构。根据 EXAFS 数据，对于负载在微孔[Si]ZSM-5 硅酸盐上的单个 Pd 原子，发现 Pd 原子与四个 O 原子中心键合，在内表面小孢子上形成 Pd_1O_4 位点。

（2）杂原子配位

除了表面氧配体外，杂原子作为掺杂剂也可以锚定单个金属原子。特别是 N 原子和 S 原子，在碳材料中很容易与单个金属原子结合，并将它们锚定在载体表面。例如，Bulushev 等人发现，在"扶手椅"结构的碳材料中，单个 Pt 或 Pd 金属原子通过与边缘上的一对 N 原子结合而得以稳定。同样，在 S 掺杂的石墨烯上，表面受限的 S 位点也可以锚定 Pt_1 原子，这些 Pt_1 原子与石墨烯的四个 S 原子结合，在其边缘位点形成 PtS_4 配合物。此外，在杂原子配位方面，为促进金属分散和抑制聚集，研究者已经引入了特定的添加剂，例如碱金属。据报道，在 KLTL-沸石和介孔 MCM-41 二氧化硅上的 Au 中添加碱金属（Na 或 K），可以稳定 $Au-O(OH)_x-Na_3$ 或 $Au-O(OH)_x-K_3$ 组合中的单原子 Au。进一步的 EXAFS 分析和 DFT 计算揭示了 O 配体直接与中心 Au 原子结合，Na 原子则通过 O 配体与 Au 原子相连，而—OH 基团则连接到围绕 Au 原子的三重 Na 或 K 位点。

（3）表面缺陷配位

在纳米材料表面，空位和单原子台阶边缘是常见的高表面能缺陷，它们可以改变配位环境和周围结构。因此，这些缺陷可以作为理想锚定位点来捕获和稳定单个金属原子。通过调整纳米颗粒的形态和尺寸能够调节表面结构以影响单原子台阶边缘。同样，改变合成条件也能方便地控制空位，如阴离子空位和阳离子空位。因此，利用这些缺陷来设计和构建单金属原子催化剂具有重要意义。

例如,单个 Pt 原子可以在二氧化铈棒样品的台阶边缘稳定,而在其明确的 (111)面上则未被捕获。Dvořák 等人也发现,在二氧化铈表面的单原子台阶边缘,分离的 Pt 原子与四个 O 原子以正方形平面配位。Qiao 等人的研究进一步证实,通过原子分辨率高角环形暗场扫描透射电子显微镜,可以看到 Au_1 原子可能占据了 CeO_2 纳米晶体的 Ce 空位。其他金属原子,如 Ni、Co、Mn、Ti 和 Zr,也可以通过 $Fe_3O_4(001)$ 表面的阳离子空位进行锚定,并与两个 O 原子配位。

(4)孔隙结构锚定

将单个金属原子锚定在有限空间(如纳米孔)内,是防止孤立金属原子迁移和聚集的有效策略。例如,Wang 等人利用在重建的 $SrTiO_3(110)$ 表面上具有周期性六元或十元纳米孔的二维 TiO_2 结构,成功在室温下将 Ni 单原子锚定在开放的纳米孔中。另一种值得关注的载体是介孔聚合物石墨氮化碳(mpg - C_3N_4)。这种材料拥有独特的孔结构,每个孔内都含有六个源自三嗪基的 N 原子,这为锚定分离的金属原子提供了理想的环境。基于 mpg - C_3N_4 的这些特性,研究人员已成功地将 Pt、Pd 和 Au 等单个金属原子锚定在其表面。

1.4.2.2 单原子催化剂的电子特性

随着金属纳米颗粒的尺寸逐渐减小至单原子尺度,金属原子的电子性质将因原子数的变化而发生显著变化。例如,当 Au 纳米颗粒的原子数从 223 减少到 70(其尺寸大约为 1.5 nm)时,其功函数几乎保持不变,仅略有下降。然而,当 Au 纳米颗粒的原子数进一步减少至 30 以下时,其功函数会呈现出奇偶振荡的现象。对于偶数 Au 原子团簇,其最高占据分子轨道(HOMO)被两个电子占据,而奇数 Au 原子团簇的 HOMO 则只有一个电子占据。因此,与大原子数的 Au 纳米颗粒相比,原子数小于 30 的 Au 纳米颗粒的电子性质发生了极大的变化。

当单原子被锚定或稳定在载体上时,它们将通过电子轨道的重叠与来自载体的配体发生相互作用。由于极化的杂原子键,电子会从单个金属原子转移到载体,导致载体和单个金属原子之间的电荷重新分布。这种相互作用会自然地改变它们之间的局部电子性质,从而对催化性能产生显著影响。据报道,FeO_x 上带正电荷的 Au 单原子形成了强共价金属 - 载体键,这赋予了材料超高的稳定性和出色的催化性能。此外，由于电子的转移和重新分布，单个金属原子的 d 带中心相对于费米能级可能会发生变化，这使得反应物的吸附能可调节，进而降低催化反应的活化势垒。例如，Lin 等人报道，分散在 $\alpha-MoC$ 上的单个 Pt 原子在低温下对 CH_3OH 反应的水相重整表现出了优异的催化活性。在这个过程中，电荷转移使得 Pt 原子呈现缺电子状态，这促进了 CH_3OH 吸附和活化，而 $\alpha-MoC$ 则因获得电子而呈现富电子状态，有利于 H_2O 裂解。因此，重整反应主要发生在单个 Pt 原子和 $\alpha-MoC$ 载体之间的界面上。此外，分散的单个金属原子还可以改变载体的表面电子结构。当单个 Ni 原子锚定在掺杂 Nb 的 $SrTiO_3(110)$ 表面上时，会引入主要来源于 Ni 3d 轨道的带隙表面态，结合能为 1.9 eV。这些带隙态低于费米能级，使得 $SrTiO_3$ 中 Nb 原子的电子可转移到这些表面态，从而导致能带向上弯曲。

1.4.3 单原子光催化剂的表征方法

催化剂的合成、表征和性能评估是研究单原子光催化剂（SAPC）的三个核心环节，它们共同促进了催化领域的发展。单原子光催化剂的表征是通过先进的科学仪器对其微观结构进行深入解析，以探究催化活性与微观结构之间的构效关系和催化反应机制。在单原子光催化剂的表征过程中，确定其微观结构、单原子状态以及电荷传输路径是关键。因此，使用多种表征仪器对其结构、化学键、配位状态进行测试显得尤为重要。

1.4.3.1 电镜技术

电镜技术，作为表征单原子金属催化剂的重要工具，特别是针对贵金属单原子催化剂，已经被证实能有效区分金属单原子、金属团簇和金属纳米粒子。当单个金属原子负载在二维材料的表面或者内部时，可以使用能量色散 X 射线谱（EDS）和电子能量损失谱（EELS）来识别单原子的原子种类，在理想情况下，甚至能检测到被检测原子的氧化态信息。然而，由于电子束诱导效应和探测灵敏度等因素的限制，这些方法在区分大比表面积载体上分散的单原子时面临挑战。近年来，高角环形暗场扫描透射电子显微镜在探测金属单原子性质方面取得了显著的应用成果。例如，Liu 等人利用高角环形暗场扫描透射电子显微镜成功观察到了 ZnO 纳米线上修饰的 Au 单原子以及 Pt_1/Fe_2O_3 单原子催化剂上的 Pt 原子。在这些图像中，Au 和 Pt 单原子（表现为亮点）清晰可见，具有显著的图像对比度。

1.4.3.2 同步辐射技术

X 射线吸收精细结构（XAFS）技术是一种重要手段，能够揭示材料的电子结构和几何结构信息，包括原子的种类、数量和空间位置。这一技术在化学、物理、生物和地质等多个科学研究领域都发挥着至关重要的作用。根据光电子能量的不同，它主要被分为两个部分：扩展 X 射线吸收精细结构（EXAFS）和 X 射线吸收近边结构（NEXAFS）。EXAFS 图谱可以提供金属中心原子的配位信息和结构信息，而 NEXAFS 图谱则通过近边吸收位置来反映金属中心原子的价态信息。

通过分析金属－金属配位信息，EXAFS 光谱可用于表征单原子催化剂。由于单原子催化剂的特性，其 EXAFS 光谱中不会呈现金属－金属键的特征信号。因此，如果在 EXAFS 光谱数据中没有检测到与金属键相关的信号，那么就可以合理推断该催化剂上存在分散的金属单原子。近十年来，Gates 等人已成功利用 XAFS 技术表征了具有特定结构和精确原子数量的金属团簇或分子配合物。

Wei 及其团队结合 EXAFS 和 NEXAFS 光谱对 Pt/FeO_x 催化剂的性质进行了评估。其 NEXAFS 光谱显示，随着 Pt 负载量增加，Pt 的氧化态逐渐升高。这表明 Pt 随着修饰量增加更加倾向于以单原子形式分布，与 EXAFS 光谱的分析结果一致。通过综合运用 EXAFS、NEXAFS 以及高角环形暗场扫描透射电子显微镜等技术进行深入分析和讨论，研究人员发现 Pt 单原子负载量为 0.08% 的 Pt/FeO_x – R200 具有最佳性能，并且呈现高氧化态。然而，需要指出的是，XAFS 在检测超低金属单原子负载量的催化剂时存在一定局限性。因此，需要进一步发展新的探测器和数据分析方法以提升单原子检测的准确性和效率。

1.4.3.3 红外光谱技术

红外光谱技术在表征金属负载型催化剂方面一直发挥着重要作用，它能够直接监测吸附分子与金属或者载体表面间的化学作用。通过该技术,利用探针与金属表面之间的相互作用关系,不仅能够精确识别探针分子的性质,还能深入推断出活性中心的特征。早在20世纪70年代,Yates等人便成功利用红外光谱技术检测到了Rh单原子的存在。此后,Zholobenko等人也利用红外光谱技术证实了H – Mordenite上负载的Pt单原子。Matsubu等人进一步以CO为探针分子,分析了Rh/TiO₂催化剂的信息。在300 K的温度条件下,使用Rh负载量为4%的Rh/TiO₂催化剂吸附CO分子,并在红外光谱中观察到了Rh纳米材料表面线型或桥型吸附的CO分子的特征峰变化,从而准确判断出材料中Rh单原子比例的变化。值得注意的是,随着Rh负载量变化,CO在Rh单原子位点上线型吸附强度会发生相应变化。这一发现使我们可以量化不同类型的位点(Rh_{iso}和Rh_{np}),并深入分析Rh单原子比例对催化反应的具体影响。具体而言,当Rh的负载量较低时,Rh在TiO₂载体上主要呈现为单原子形式;而当Rh的负载量较高时,Rh则更多地以纳米颗粒和团簇的形式存在。

1.4.3.4 核磁共振技术

固态魔角自旋核磁共振技术可以有效分析负载型金属催化剂中金属物种的具体种类和其与结合配体的相互作用。Kwak的团队利用这一技术,在Al_2O_3上锚定超低负载量的Pt单原子,并成功确定$\gamma – Al_2O_3$载体上的Al^{3+}是Pt单原子的锚定位点。此外,Corma等人则通过逆氢诱导极化(一种通过引入逆极化氢原子来增强核磁共振信号的技术)来确认Au单原子的存在。

1.4.3.5 原位表征技术

原位(in situ/operando)表征技术是研究催化反应机理和位点,了解分子结构对活性和选择性影响的重要手段。从定义上讲,in situ通常指在反应条件和气氛中对催化剂进行的直接观测和测量;operando则特指在催化反应过程中对催化剂进行的实时动态表征。长期以来,催化活性位点的不均匀性限制了原位表征技术对催化反应进程的深入研究。然而,单原子催化剂具有均匀且原子级分散的催化活性位点,为原位表征技术研究催化反应机理提供了理想的催化反应模型。

　　近年来,许多原位表征技术,包括透射电子显微镜（TEM）、扫描隧道显微镜（STM）、傅里叶变换红外光谱 、X 射线吸收谱、X 射线光电子能谱（XPS）、飞行时间质谱（TOF – MS）等,已被用于反应中间体的捕获、催化活性位点的识别,甚至对催化活性位点的几何结构和电子环境的动态行为进行监测。其中,in situ TEM/STM 可以观测载体缺陷限域的单原子动态演变;原位傅里叶变换红外光谱可表征单原子催化剂以及其催化活化 CO 分子过程中的反应路径;原位 X 射线吸收光谱可用于研究单原子催化剂在 CO 氧化、电催化等反应中活性位点价态和几何结构的动态变化;原位 X 射线光电子能谱可研究单原子合金催化剂（SAA）价态和稳定性;原位质谱则用于捕获单原子催化过程中的反应中间物质。

　　以单原子催化剂作为模型催化剂,结合众多原位表征技术,是对催化活性位点和反应机理深入认识的关键。然而,现有的原位表征技术大多只能对单原子催化剂进行静态或动态的原位观测,催化机理的复杂性增加了数据解析的难度。因此,新型原位表征反应池的开发和多种原位表征技术的联合使用具有极大的研究意义。此外,精确调控单原子催化剂的配位环境、发展新型高原子分辨率的原位表征技术并将其与理论计算（如 DFT）相结合,将为进一步认识催化活性位点的本质、基元反应机理以及分子结构与活性或选择性的关系奠定重要基础,进而为提升催化剂的高效性和稳定性提供坚论支撑。

1.4.4　单原子光催化剂的应用

　　单原子光催化剂具有独特的不饱和配位环境以及独特的电子性质,理论上金属原子利用率接近 100%。此外,不同的合成策略将导致其催化特性各不相同。这些特点使得单原子光催化剂可以在多种光催化反应中均表现出优异的性能,其应用见图 1 – 2。在不断的应用过程中,学者们通过探索和研究,逐步完善了单原子光催化剂的构建方法,从而进一步增强其催化性能。

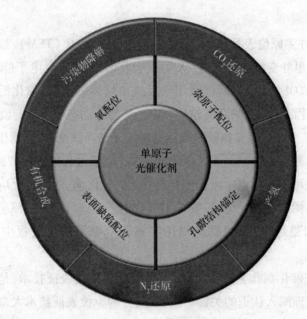

图 1 - 2 单原子光催化剂的应用

1.4.4.1 单原子光催化剂用于光催化产氢

光催化产氢是将太阳能转化为绿色、清洁的氢能源的有效方法。在光催化产氢领域，单原子光催化剂因其独特的性质而得到了广泛应用。通过将孤立的金属中心修饰在 TiO_2、$g - C_3N_4$、金属硫化物、MOF 等半导体材料表面，研究者们成功制备了多种高性能的单原子光催化剂。这些催化剂在产氢效率和稳定性方面显著优于传统的金属纳米粒子或团簇担载的光催化剂。例如，Chen 所在的课题组通过在富含缺陷的锐钛矿 TiO_2 载体上组装孤立的 Pt 位点，制备了一种高性能光催化剂（$Pt_1/def - TiO_2$）。修饰后的 $Pt - O - Ti^{3+}$ 原子界面有效抑制了光生载流子的复合，使 $Pt_1/def - TiO_2$ 催化剂表现出了较高的光催化产氢活性，其转换频率（TOF）高达 51 423 h^{-1}，比基于颗粒的 Pt/TiO_2 催化剂快 591 倍。Zhang 所在的课题组也在多边 TiO_2 球体上装饰了孤立的 Ru 位点（$ME - TiO_2 @ Ru$），进一步提高了光催化产氢活性。而 Jiang 所在的课题组则采用了一种简单的超分子方法，合成了由孤立的 Ag 位点修饰的 $g - C_3N_4$ 构成的单原子光催化剂。其独特的 $Ag-N_2C_2$ 配位构型($Ag-N_2C_2/CN$)在析氢反应中表现出色。其电荷分布更优,使得光生电子能够更快地从 $g-C_3N_4$ 转移到 Ag,并显著降低产氢的能垒。此外,Fang 所在的课题组将分离出的 Pt 原子锚定在一种基于 Al 基卟啉的金属有机框架(Al-TCPP)中,用于光催化产氢。Al-TCPP 丰富的 Pt 原子着床配位为电子从 MOF 光敏剂转移到不饱和 Pt 活性位提供了有效通道。单个 Pt 原子表现了出色的活性,其转换频率为 35 h^{-1},约是相同 MOF 稳定的 Pt 纳米颗粒的 30 倍。

1.4.4.2　单原子光催化剂用于光催化 N_2 还原

单原子光催化剂因其高度可控的结构、优异的电荷分离/转移能力以及较强的分子吸附/活化能力,在光催化 N_2 还原中展现出了巨大的应用潜力。这种催化剂不仅兼具均相和异相催化的能力,还能实现高效、高选择性的光化学有机合成,并便于有效回收。最近,Wu 等人报道了一项重要研究,他们利用介孔 TiO_2-SiO_2 负载的 Fe 活性位点,显著提高了光催化 N_2 还原活性。实验和理论计算证实,在 Fe 活性位点附近产生了光激发的空穴,这些空穴通过捕获极化子促进了更高价态的 Fe(Ⅳ)的形成,从而有利于 N_2 在相邻氧空位的还原。此外,Zhang 所在的课题组也取得了显著成果。他们通过简单的共沉淀方法,开发了富电子 Cu^{2+} 位点和氧空位共修饰的 Zn-Al 层状双氢氧化物纳米片单原子光催化剂。这种催化剂中的不饱和 Cu^{2+} 活性位点和氧空位极大地增强了 N_2 分子的电荷分离/转移以及吸附能力,因此,在紫外可见光激发下,该催化剂在纯水中的 NH_3 产率为 110 $\mu mol \cdot g^{-1} \cdot h^{-1}$,光催化 N_2 还原的活性进一步优化。

1.4.4.3　单原子光催化剂用于光催化有机合成

研究者们已经通过单原子光催化实现了选择性加氢脱卤、C—O 交叉偶联、亚胺合成等反应,同时,利用光催化生物质重整合成了具有高附加值的有机化学品。Wu 所在的课题组已经证实,分离的 Ag 位点可以作为其 AgF/可见光系统中的有效光催化活性中心,用于各种有机卤化物的选择性加氢脱卤和脱卤芳基化反应,而且无须添加任何有机助剂。实验结果显示,在温和条件下,分离的

Ag 中心上脱碘－苯基化反应的转换频率可以达到 6000 h^{-1}。Yang 等人将分离的 Ni 原子加载到 TiO_2 载体上，用于烯酰胺选择性磺化，得到 36 例酰胺砜，收率达到了 99%。合成的 Ni/ TiO_2 光催化剂在选择性形成 α－酰胺基砜和 β－丙酰胺基砜的反应中表现出良好的可回收性和周转（达 18 963 次），还表现出对官能团的高耐受性，能够以相当高的效率进行克级反应。Zhao 所在的课题组在可见光照射条件下用咪唑辅助配体将分离的 Ni 活性位点组装到 g－C_3N_4 上，用于 C—O 交叉偶联反应，这显著促进了各种芳基溴化物与醇/水的醚化。在光催化反应后，分离的 Ni 活性位点能够保持良好的分散性和活性，这表明单原子催化剂在光催化有机合成中同样具有良好的稳定性。

1.4.4.4　单原子光催化剂用于光催化污染物降解

有机污染物，如工业染料、农用化学品和药品，容易对水环境造成危害，并对生物构成严重的潜在危险。光催化降解通过收集太阳能并促进自由基氧物种产生，为处理水环境中痕量污染物提供了有效的途径。单原子光催化剂因其丰富的表面活性位点和较强的电荷分离/转移能力，在催化污染物降解方面展现出优异的应用潜力。Wang 所在的课题组将单原子分散的 Ag 修饰到介孔 g－C_3N_4 上，在可见光照射条件下通过添加过氧－硫酸盐（PMS）对双酚 A（BPA）进行光催化降解。引入 Ag 活性位点缩小了 g－C_3N_4 的带隙，增强了其在可见光范围内的光子捕获能力。Ag 和 g－C_3N_4 之间能级的适当匹配促进了光激发电子的快速转移，而加入 PMS 则加速了电子－空穴对分离，使 BPA 在 1 h 内，在 0.1 $g \cdot L^{-1}$ 的光催化剂和 1.0 $mol \cdot L^{-1}$ 的 PMS 的共同作用下实现了 100% 的 BPA 降解。Dong 所在的课题组开发了可用于高效太阳能降解磺胺甲噁唑的 COF－909（Cu）纳米棒。配位的单个 Cu 位点显著增强了光吸收能力和电子－空穴对的分离性能，并提供了特定的结合位点，可用于吸附 COF 通道中的目标分子，展现出对磺胺甲噁唑降解的卓越光催化活性。COF－909（Cu）的动力学常数为 0.133 min^{-1}，比 COF－909 高约 27 倍，比 TiO_2－P25 高约 40 倍。

1.4.4.5　单原子光催化剂用于光催化 CO_2 还原

通过收集太阳能将 CO_2 分子光催化还原为碳氢燃料等具有高附加值化学

品,是利用 CO_2 温室气体的理想方案之一。由于在分子吸附和活化方面具有独特优势,单原子光催化剂已经在 CO_2 还原方面展现了优异的应用潜力。通过单原子光催化作用,CO_2 分子不仅可以被转化为 CO、CH_4、CH_3OH 等 C_1 产物,而且可以被转化为 CH_3CH_2OH、CH_2═CH_2 等 C_2 产物。Li 等人设计并制备了一个独特的富氮碳支撑的 Fe—N_4O 位点,用于光催化 CO_2 还原。EXAFS 观察表明,由于构建了协调的 Fe—N_4O 构型,孤立的 Fe 位点以高价态存在。这些优化的不饱和 Fe 活性位点显著促进了 CO_2 分子的吸附和关键中间体 $COOH^*$ 的生成,这促进了光催化系统在 1 h 内达到 1 494 的最大周转数,并对 CO 生成具有86.7%的优异选择性。Yu 所在的课题组发现,使用分离的 Cu 原子修饰 g-C_3N_4 可以提供不饱和的 C—Cu—N_2 活性位点,使 CO_2 还原成各种 C_1 产物,包括 CH_4、CO 和 CH_3OH。Sharma 所在的课题组还构建了一种基于 g-C_3N_4 的单原子光催化剂,具有 Ru-N/C 活性位点,可用于将 CO_2 还原为 CH_3OH。该催化剂还具有良好的可重复使用性:在 6 h 的光催化反应后,每克催化剂仍可生成 CH_3OH 约 1 500 μmol。

第 2 章　实验材料与方法

2.1 实验材料

实验使用的试剂列于表 2-1 中。涉及的试剂均未经二次纯化,实验用水为二次蒸馏水。

表 2-1 实验使用的试剂

试剂名称	化学式	纯度
钛酸四丁酯	$C_{16}H_{36}O_4Ti$	A. R.
三聚氰胺	$C_3H_6N_6$	A. R.
三聚氰酸	$C_3H_3N_3O_3$	A. R.
氢氟酸	HF	A. R.
酞菁锌	$C_{32}H_{16}ZnN_8$	A. R.
酞菁铜	$C_{32}H_{16}CuN_8$	A. R.
酞菁钴	$C_{32}H_{16}CoN_8$	A. R.
酞菁镍	$C_{32}H_{16}NiN_8$	A. R.
磷酸	H_3PO_4	A. R.
丙三醇	$C_3H_8O_3$	A. R.
无水乙醇	C_2H_6O	A. R.
乙二醇	$C_2H_6O_2$	A. R.
十六烷基三甲基溴化铵	$C_{19}H_{42}BrN$	A. R.
氯金酸	$HAuCl_4 \cdot 4H_2O$	A. R.
硼氢化钠	$NaBH_4$	A. R.
香豆素	$C_9H_6O_2$	A. R.
硫酸钠	Na_2SO_4	A. R.
萘酚	$C_{10}H_8O$	A. R.
硝酸	HNO_3	A. R.
硝酸钴	$Co(NO_3)_2 \cdot 6H_2O$	A. R.

续表

试剂名称	化学式	纯度
硝酸镍	$Ni(NO_3)_2 \cdot 6H_2O$	A. R.
硼酸	H_3BO_3	A. R.
1 – 乙基 – 3 – 甲基咪唑四氟硼酸盐	$C_6H_{11}BF_4N_2$	A. R.
1 – 乙基 – 3 – 甲基咪唑双三氟甲基磺酰亚胺盐	$C_8H_{11}F_6N_3O_4S_2$	A. R.
1 – 丁基 – 3 – 甲基咪唑四氟硼酸盐	$C_8H_{15}BF_4N_2$	A. R.
1 – 乙基 – 3 – 甲基咪唑六氟磷酸盐	$C_6H_{11}PF_6N_2$	A. R.
甲醇	CH_3OH	A. R.
磷酸二氢钠	NaH_2PO_4	A. R.

注:A. R. 为分析纯。

2.2　仪器设备

实验所用仪器设备列于表 2 – 2 中。

表 2 – 2　实验仪器

仪器与设备名称	型号
高温箱式电阻炉	SR2 – 4 – 10
集热式恒温加热磁力搅拌器	DF – 101S
球形氙灯(150 W)	XQ150
球形氙灯(300 W)	XQ300
高速台式离心机	H1850
X 射线衍射仪	Bruker D8 ADVANCE
傅里叶变换红外光谱仪	IS50
紫外 – 可见分光光度计	UV – 2700

续表

仪器与设备名称	型号
扫描电子显微镜	S‒4800
透射电子显微镜	JEM‒F200
X 射线光电子能谱仪	ESCALAB MK Ⅱ
全自动三站式比表面积和孔隙度分析仪	TriStar Ⅱ 3020
稳态表面光电压测试系统	—
瞬态表面光电压测试系统	—
电化学工作站	PGSTAT101
液相色谱技术	Agilent 1200
荧光分光光度计	LS55
马弗炉	SX2‒4‒10
电子天平	AR1140/C

2.3　结构表征方法

2.3.1　X 射线衍射(XRD)

X 射线衍射法是一种测量物质晶体结构的方法。本书所用的 X 射线衍射仪配备有 Cu 衍射靶,测试条件为 40 kV 的电压,50 mA 的电流,$8° \cdot min^{-1}$ 的扫描速度。

2.3.2　紫外‒可见漫反射光谱(UV‒Vis DRS)

紫外‒可见漫反射光谱可用于测试光催化材料的吸光性质。本书所用紫外‒可见漫反射光谱测试仪器为 UV‒2700 型紫外‒可见分光光度计,所采用的参比校准基线是 $BaSO_4$。

2.3.3　透射电子显微镜(TEM)

透射电子显微镜是一种重要的观察物质结构信息的方法。本书测试采用 JEOL JEM – F200 型透射电子显微镜,仪器配备有对样品损伤更小且分析速度更快的能量色散谱仪(EDS),还可实现大视野的扫描透射电子显微镜 – 电子能量损失谱(STEM – EELS)分析。

2.3.4　高角环形暗场扫描透射电子显微镜(HAADF – STEM)

高角环形暗场扫描透射电子显微镜可以探测金属单原子性质。本书所使用仪器为 FEI Titan 60 – 300 型电子显微镜,配备球面像差校正器。

2.3.5　X 射线光电子能谱(XPS)

X 射线光电子能谱一般使用 X 射线作为探测源,将原子核外的内层电子激发为自由电子,通过收集这些自由电子的动能信息来分析被测材料的元素组成和化学态。本书所采用的是 ESCALAB MK Ⅱ 型 X 射线光电子能谱仪,其探测源为 Al(Mono)。

2.3.6　X 射线吸收近边结构(XANES)

X 射线吸收近边结构的测试是在 SPring – 8 型同步辐射光源上进行的,测试条件为 100 mA 的电流和 8 GeV 的电子存储环能量。

2.3.7　傅里叶变换红外光谱(FTIR)

傅里叶变换红外光谱可表征样品分子内部的官能团信息。在本书中我们使用了 IS50 型傅里叶变换红外光谱仪,以 KBr 为稀释剂,测试范围为 400 ~

$4\,000\ \text{cm}^{-1}$。

2.4 电荷分离表征

2.4.1 稳态表面光电压技术(SS-SPS)

稳态表面光电压技术是衡量材料光生电子和空穴分离性能优劣的关键方法。本书所采用的 SS-SPS 测试系统为课题组内自行搭建。图 2-1 展示了 SS-SPS 测试系统的基本构成。由图可知,样品池中可以通入不同的气体(如空气、N_2、O_2)以确保测试环境的多样性。在测试过程中,样品被两片 ITO 导电玻璃夹紧,并受到经过斩波的单色激发光照射,进而产生光电压信号。该信号随后被锁相放大器放大,并最终在计算机终端上进行处理。

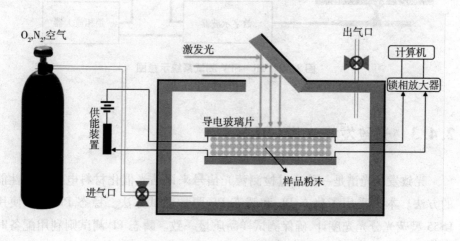

图 2-1 SS-SPS 测试系统的基本构成

2.4.2 瞬态表面光电压技术(TR-SPV)

瞬态表面光电压技术可以有效检测光生电荷分离之后的动力学寿命,并具备分辨光生电子和空穴的能力。本书中,TR – SPV 测试系统系为课题组内自行搭建,其组成包括:YAG 型激光光源(提供 355 nm 或 532 nm 的激发波长)、PE50BF – DIF – C 型能量计、5185 型前置放大器、带宽为 1 GHz 的 DPO 410B 数字示波器以及计算机终端。图 2 – 2 为 TR – SPV 测试系统示意图。在测试过程中,待测样品被固定频率的脉冲激光激发,产生光电压信号;该信号由锁相放大器放大后,被数字示波器收集,最终在计算机终端上进行数据处理和分析。

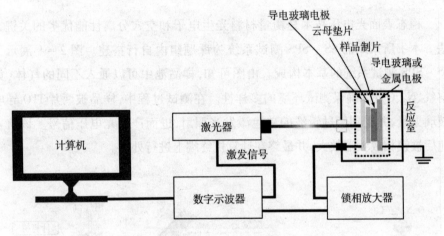

图 2 – 2 TR – SPV 测试系统示意图

2.4.3 光致发光光谱(PL)

光致发光光谱是一种通过检测荧光信号来评估光催化材料电荷分离性能的方法。本书采用了稳态 PL 和瞬态 PL 两种测试方法。稳态 PL 测试使用 LS55 型荧光分光光度计,确保测试样品质量一致。瞬态 PL 测试则利用配备时间相关的单光子计数系统的 H11461P – 11 型光电倍增管以及皮秒脉冲二极管激光器,激发波长为 405 nm,时间分辨率约为 1 ns。

2.4.4 电子顺磁共振谱(EPR)

电子顺磁共振谱检测的是材料中的未成对电子,这些未成对电子可能存在于分子、原子、离子以及各种自由基中。该技术可以定量和定性地检测光催化材料中的未成对电子，进而揭示其周围环境的结构特性。

2.4.5　羟基自由基测试

羟基自由基测试通过检测 7 - 羟基香豆素(由羟基自由基与香豆素反应生成)的荧光信号来反映光催化剂的羟基自由基产量,从而评价光催化剂的光催化性能。本书测试所用仪器为 LS55 型荧光分光光度计。具体测试方法为:首先,配制浓度为 2×10^{-4} mol·L^{-1} 的香豆素溶液,然后取 50 mL 香豆素溶液,加入 0.02 g 催化剂,在氙灯照射下反应 30 min。之后,将悬浊液取出离心,取离心后的上层清液转移至石英比色皿中,进行后续的荧光测试。

2.5　(光)电化学测试

本书中涉及的(光)电化学测试包括交流阻抗(EIS)测试、Mott - Schottky 测试、电化学还原曲线分析等。工作电极制备方法为:将 50 mg 样品均匀分散在萘酚与乙醇的混合溶液(萘酚与乙醇的体积比为 1∶9)中,然后利用刮涂法将其固定在导电玻璃的导电面上。测试时采用三电极体系,其由样品薄膜构成的工作电极、Ag/AgCl 参比电极和 Pt 对电极组成,以浓度为 0.2 mol·L^{-1} 的 Na_2SO_4 溶液作为电解液。

2.6　原位红外光谱

原位红外光谱是一种用于研究 CO_2 还原过程中吸附物和反应中间体的测试方法。在测试中,首先将样品放置在平整的样品架上,并用盖子固定,形成一个与抽真空管路相连的反应池。然后将反应池抽真空,以去除所有吸附的杂质,并用含有体积百分比为 25% 的 CO_2 的水蒸气进行饱和净化。接着当光催化剂上的 CO_2 和水吸附达到平衡后,收集傅里叶变换红外数据作为无光照条件下的背景。最后间隔固定的时间开灯,进行样品的数据采集,记录原位红外光谱的变化情况。

2.7　原位瞬态吸收光谱(in – situ TAS)

原位瞬态吸收光谱是一种在透射模式下采集微秒瞬时吸收衰减图谱的方法。在测试中,使用 Nd:YAG 纳秒激光器发射泵浦光,将光聚焦在样品膜上,输出波长为 355 nm。激发光密度为 $0.5~mJ \cdot cm^{-2}$,重复频率为 10 Hz。探测光由 100 W 的 ASBN – W 钨卤素灯产生,并通过放置在灯和样品之间的长波通和短波通滤光片,以减少样品对短波长辐射的吸收和产生的热能。随后,收集样品的吸收变化信息,并将其传递至单色器以选择适当的探针波长。时间分辨信号由硅光电二极管采集,通过锁相放大器放大,最终由示波器记录。瞬态吸收衰减信号是通过对 256 个激光脉冲进行分析获得的。

2.8　理论计算

本书中理论计算采用高斯 16 程序包执行,并运用 B3LYP 混合泛函进行结构优化。对 Fe 和 Ni 元素,使用 Stuttgart/Dresden(SDD)赝势的 ECP 机组进行计算,而其他元素则选择 def 2 – SVP 机组。此外,通过时间依赖密度泛函理论(TDDFT)预测激发态的能量和性质,以获取电荷转移的相关信息。

2.9　光催化性能及稳定性测试

光催化还原 CO_2 测试系统用于评估光催化材料在还原 CO_2 方面的性能。本书所使用的光催化还原 CO_2 测试系统为组内自行搭建,包含 300 W 氙灯光源(配备 $\lambda \geqslant 420$ nm 的滤光片)、双层石英反应器(内层为样品室,外层用于通入冷凝水)、气瓶(含 N_2 和 CO_2)以及 GC – 7920 型气相色谱仪(配备 TCD 和 FID 检测器,采用 5 Å 分子筛填充柱)。测试系统搭建完成后,首先将 0.05 g 催化剂和 5 mL 超纯水加入石英反应器中,并持续搅拌以确保分散均匀;然后向石英反应器中通入 CO_2 直至 CO_2 和 H_2O 吸附平衡。密封反应器后,开启氙灯光源,开始光催化还原 CO_2 反应。反应过程中,每间隔固定的时间抽取 0.25 mL 石英反应器中的气体样本,通过气相色谱仪分析气体成分,从而评估光催化剂的性能。

光催化性能测试完成后,将反应后的样品回收并进行离心与烘干处理,然后继续进行光催化稳定性测试。

2.10 同位素测试

通过同位素实验,使用同位素标记的反应物可以确定还原产物的来源。在 EN/Co – bCN 上进行 ^{13}C 标记的光谱化 CO_2 还原实验,结果表明产物包括 ^{13}C、^{13}CO 和 $^{13}CH_4$,这证实了反应产物确实来自标记的 $^{13}CO_2$,而非样品自身的分解。对于同位素标记的原位傅里叶变换红外光谱实验,将水蒸气饱和的 $^{12}CO_2$ 或 $^{13}CO_2$ 直接吹扫到反应池中,待吸附平衡后密封反应池,进行后续的光催化反应。

第3章 金属酞菁/传统半导体二维异质结光催化材料构建及性能研究

3.1　引言

　　金属酞菁(MPc)作为常见的金属配合物,常被用作染料分子。它通常充当光敏剂的角色,因其能够在 550~800 nm 的波长范围内有效吸收可见光。作为一种有机分子半导体,金属酞菁具有 HOMO 和 LUMO 能带结构,有望作为还原物半导体材料,与能带匹配的氧化物半导体材料构建 Z 型异质结。值得注意的是,酞菁中配位精确的单位点金属中心可催化多种还原反应。因此,将酞菁与传统半导体复合,有望开发出具有单原子催化位点的新型异质结光催化材料。本章工作将酞菁分别与传统无机半导体材料 TiO_2 和窄带隙半导体硼掺杂的 $g-C_3N_4$ 复合,构建二维匹配的异质结,并对异质结的结构信息、性能提升及催化过程机制进行了深入研究。

3.2　实验部分

3.2.1　$ZnPc/TiO_2$ 异质结相关的合成方法

3.2.1.1　二氧化钛纳米片(T)的合成

　　将 10 g 钛酸四丁酯加入烧杯中,然后缓慢加入一定量的氢氟酸,充分搅拌混合,然后将混合物移至反应釜中,在 180 ℃ 的水浴中加热 10 h。反应结束后,将产物洗涤、干燥并研磨,得到最终样品 T。

3.2.1.2　ZnPc/T 的合成

　　将 50 mL 乙醇加入玻璃烧杯中,随后称取一定量的酞菁锌(ZnPc)并加入乙醇中。使用保鲜膜将烧杯封口后,将其整体移入超声波振荡器中进行超声处理,直至 ZnPc 溶解并均匀分散在乙醇中。随后,将溶液蒸干得到固体。最后,将固体放入真空烘箱中过夜干燥,得到 xZnPc/T 样品。其中,x% 代表 ZnPc 相对于 T 的质量百分比。

3.2.1.3 Au – T 的合成

将氯金酸溶液用蒸馏水稀释后置于烧杯中,在黑暗条件下一边搅拌一边加入一定量的 T,随后移入 80 ℃ 的水浴锅中。在该条件下,缓缓滴加浓度为 $10 \ mol \cdot L^{-1}$ 的 NaOH 水溶液,直至溶液的 pH 值达到 7,然后继续水浴加热 3 h。冷却后,为去残留的氯离子,分别用蒸馏水和乙醇洗涤,然后在 80 ℃ 的烘箱中干燥过夜。研磨后,得到最终样品 yAu – T。其中,y% 代表 Au 相对于 T 的质量百分比。在马弗炉中对 Au – T 进行温度为 300 ℃、时长为 1 h 的热处理,得到较大粒径 Au 纳米颗粒修饰的样品,记为 yAu（L）– T。

3.2.1.4 ZnPc/Au – T 的合成

与 3.2.1.2 ZnPc/T 的合成方法类似,但需要将 T 置换为 Au – T 或 Au（L）– T。即,将原先与 T 复合的 ZnPc 改为与 Au – T 或 Au（L）– T 复合,然后便可得到 ZnPc/Au – T 或 ZnPc/Au（L）– T。此处不再赘述。

3.2.2 CoPc/P – CN 异质结相关的合成方法

3.2.2.1 CN 的制备

首先将 10 g 三聚氰胺和 4 g 三聚氰酸分别分散在 500 mL 去离子水中,然后分别放置在两个水浴锅中加热至 80 ℃。待二者完全溶解后,将三聚氰酸溶液缓慢倒入三聚氰胺溶液中,迅速形成白色分散液。将制备得到的白色分散液在 80 ℃ 温度条件下搅拌 3 h,然后冷却到室温。紧接着在 $4\ 000 \ r \cdot min^{-1}$ 条件下离心 5 min,将得到的固体先用去离子水洗涤数次,再用乙醇洗涤数次,然后将其置于 60 ℃ 烘箱中干燥过夜。将得到的白色固体研磨成粉末后,转移到带有盖子的石英舟中。在 N_2 气氛中,将粉末从室温加热到 520 ℃,以 1 ℃·min^{-1} 的加热速率煅烧 4 h。之后,在半封闭式瓷舟以及空气气氛中,将产物置于 500 ℃ 的温度条件下进行二次煅烧处理 2 h。自然冷却至室温后,用浓度为 5 $mol·L^{-1}$ 的 HNO_3 溶液在 70 ℃ 的温度条件下处理二次煅烧后的氮化碳,然后冷却、离心、洗涤至中性,并在 60℃ 下干燥过夜,得到最终的超薄 g–C_3N_4 纳米片,记为 CN。

3.2.2.2　P – CN 的制备

通过氢键自组装的方法,成功将三聚氰胺和三聚氰酸合成为 CN。随后,对 CN 进行两步煅烧处理,在特定的温度和时间下完成,以优化其结构。煅烧后进行酸处理,以进一步改善材料的表面性质和结构。为了引入磷酸基团,采用湿法化学过程,将制备好的 CN 浸泡在 NaH_2PO_4 水溶液中,实现磷酸盐的均匀修饰。所得样品记为 zP – CN(其中,$z\%$ = 3%、6%、9%、12%。$z\%$ 表示 NaH_2PO_4 相对于 CN 的质量百分比)。

3.2.2.3　CoPc/P – CN 的合成

首先将一定量的 P – CN 放入 30 mL 乙醇中,超声分散,形成氮化碳分散液。接着,将不同质量的 CoPc 放入一定量乙醇中,超声处理 30 min,并持续搅拌 1 h。然后,将其缓慢加入氮化碳分散液中,持续搅拌 24 h,直至形成均一的分散液。最后,将该分散液在 80 ℃ 条件下水浴蒸干除溶剂,得到的固体在 80 ℃ 下干燥过夜,所得样品记为 wCoPc/zP – CN。其中,0.01% ≤ $w\%$ ≤ 1.00%,$w\%$ 表示 CoPc 相对于 P – CN 的质量百分比。

3.2.3　FePc/BCN 异质结相关的合成方法

3.2.3.1　BCN 的制备

研磨 0.16 g $NaBH_4$ 和 0.4 g CN,将二者充分混合后倒入封闭的瓷舟内,置于管式炉中心位置。保持石英管内为 N_2 充盈状态,控制温度为 450 ℃,以 15 ℃·min^{-1} 的程序升温速率煅烧 1.5 h。待样品冷却后,分别进行水洗、醇洗,得到最终样品,记为 BCN。

3.2.3.2　FePc/BCN 的合成

在烧杯中加入酞菁铁(FePc)后再加入四氢呋喃,封口后移至超声波振荡器中超声处理 40 min 至酞菁充分溶解并分散均匀。然后向 FePc 分散液中加入称取好的0.2 g BCN 并搅拌 12 h。接着进行真空抽滤,并用水洗涤滤饼。最后,通过冷冻干燥得到混合物,记为 qFePc/BCN。其中,0.1% ≤ q% ≤ 1.0%,q% 代表 FePc 相对于 BCN 的质量百分比。

3.2.3.3　NiPc – FePc/BCN 的合成

将 FePc/BCN 加入 NiPc 分散液中,然后按照3.2.3.2 中描述的超声处理、搅拌、真空抽滤、洗涤和冷冻干燥的步骤进行操作,可得到 NiPc – FePc/BCN 样品,记为 pNiPc – FePc/BCN,其中,0.1% ≤ p% ≤ 1.0%,p% 代表 NiPc 相对于 FePc/BCN 的质量百分比。

3.3　结果与讨论

3.3.1　酞菁锌/二氧化钛二维异质结构建及其光催化性能分析

通过水热法,以氢氟酸作为添加剂合成 T,随后利用自组装技术将 ZnPc 负载到 T 上,成功构建 ZnPc/T 异质结。图 3 – 1 为不同样品的 TEM 图。由图 3 – 1 (a)可知,片状 T 以外的阴影部分为分散的酞菁聚集体。为了优化 ZnPc 和 T 之间的界面性质,在 T 表面采用广泛使用的沉积 – 沉淀(DP)法,修饰粒径可控的 Au 纳米颗粒,从而获得 Au – T 样品。值得注意的是,Au 纳米颗粒的粒

径可以通过煅烧等后续处理进行调控。由图 3-1 (b) 可知,当小粒径 Au 纳米
颗粒存在时,2.5ZnPc/1Au-T 的阴影部分变得较为浅淡,这表明 ZnPc 组件的
分散程度得到了提高。此外,如图 3-1 (b)的插图所示,当大粒径 Au 纳米颗粒
沉积时,2.5ZnPc/1Au (L) -T 仍可观察到类似的良好分散效果。

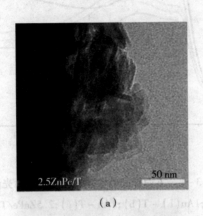

(a)

(b)

图 3-1　不同样品的 TEM 图
2.5ZnPc/T(a) 、2.5ZnPc/1Au-T 及 2.5ZnPc/1Au (L) -T(b)

使用紫外-可见漫反射光谱分析了不同样品的光学吸收情况,结果如图
3-2 所示。为了研究 Au 对异质结界面的影响,利用傅里叶变换红外光谱和 X
射线光电子能谱对不同样品进行分析,结果分别如图 3-3 与图 3-4 所示。

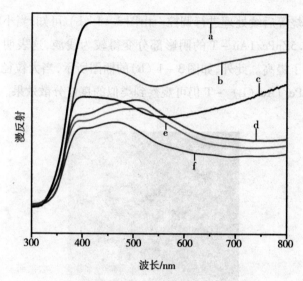

图 3-2　不同样品的紫外-可见漫反射光谱

T(a);1Au(L)-T(b);1Au-T(c);2.5ZnPc/T(d);

2.5ZnPc/1Au(L)-T(e);2.5ZnPc/1Au-T(f)

在图 3-3 所示的傅里叶变换红外光谱中，所有样品在 500 cm^{-1} 处出现的红外峰可归因于 TiO$_2$ 的 O—Ti—O 键的伸缩振动。在 2.5ZnPc/T 中，红外峰位于 1 288 cm^{-1}，该峰源于 C═N 键的拉伸振动。位于 1 485 cm^{-1} 的红外峰归属为 ZnPc 中芳香环内 C—H 键的弯曲振动。值得注意的是，与 2.5ZnPc/T 相比，2.5ZnPc/1Au-T 和 2.5ZnPc/1Au(L)-T 的 C═N 键引起的红外峰均向高波数方向偏移。2.5ZnPc/1Au-T 的偏移比 2.5ZnPc/1Au(L)-T 的大，表明小的 Au 纳米颗粒和 ZnPc 之间的相互作用强于大的 Au 纳米颗粒，这可归因于 Au 对 ZnPc 分子的分散作用。此外，在图 3-4 所示的 N 1s XPS 谱图中，与 2.5ZnPc/T 的 N 1s 峰相比，2.5ZnPc/1Au-T 和 2.5ZnPc/1Au(L)-T 的 N 1s 峰向低结合能方向偏移，这证实了 Au 纳米颗粒与 ZnPc 大环的 N 原子之间存在相互作用，与傅里叶变换红外光谱结果相符。这与之前报道的 MPc 共轭环与金属纳米颗粒之间的相互作用相吻合。

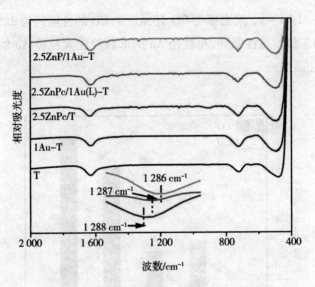

图3-3 不同样品的傅里叶变换红外光谱

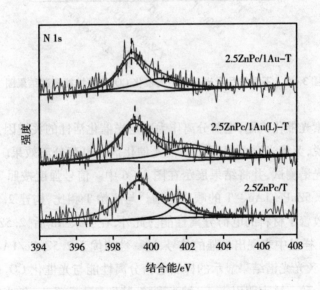

图3-4 不同样品的 N 1s XPS 谱图

图3-5 展示了一系列含酞菁异质结的光催化 CO_2 还原性能测试的结果。从中可知,光催化 CO_2 还原反应的主要产物包括 CO 和 CH_4,2.5ZnPc/T 的 CO_2 转化率为 15.6 $\mu mol \cdot g^{-1} \cdot h^{-1}$。通过调整 Au 和 ZnPc 的负载量,得到了最佳

样品 2.5ZnPc/1Au-T，其光催化 CO_2 还原产生 CO 的性能约为 2.5ZnPc/T 的 3 倍，约是 T 的 7 倍。可注意到，小粒径 Au 纳米颗粒比大粒径 Au 纳米颗粒具有更高的光催化活性。

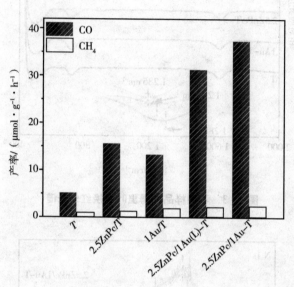

图 3-5　不同样品全光条件下光催化 CO_2 还原性能测试结果图

为了探索光催化机制，电荷分离作为决定光催化活性的关键因素被广泛研究。一般来说，荧光光谱可以用于评估光催化剂的电荷分离效果。因此，我们进行了荧光光谱测试，并将结果展示在图 3-6 中。信号强度按照 T 、1Au/T 、2.5ZnPc/T、2.5ZnPc/1Au-T 的顺序递增。与原始 T 相比，构建 2.5ZnPc/T 异质结有效地改善了材料的电荷分离性能。此外，在引入 Au 后，2.5ZnPc/1Au-T 在所有三元样品中表现出最强的信号，这一性能优于 2.5ZnPc/1Au（L）-T。研究发现，由荧光光谱结果显示的样品电荷分离性能与光催化 CO_2 还原性能变化趋势高度一致。这表明引入 Au 纳米颗粒，特别是小粒径 Au 纳米颗粒可显著提高材料的电荷分离性能。

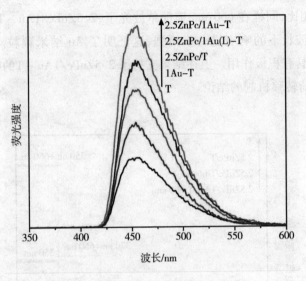

图3-6　羟基自由基相关荧光光谱

如上所述,典型样品的电荷分离情况已经得到了验证,然而,关于 Au 调控的 ZnPc/T 异质结的具体电荷转移机制仍需要深入探讨。在酞菁/半导体光催化系统中,酞菁通常被视为光敏剂。在这种异质结中,电子从受激的 MPc 转移到半导体,从而诱发还原反应。然而,值得注意的是,ZnPc 的 HOMO约 -1.5 eV,LUMO 约 0.5 eV,这使其本身可以作为有机还原半导体来发挥作用。因此,为了更准确地验证电荷分离机制,进行单波光电流作用谱(MPAS)测试,以排除 O_2 捕获电子对实验结果的影响。

图3-7 所示的单波光电流作用谱进一步验证并明确了 ZnPc/T 异质结中从 T 到酞菁的 Z 型电荷分离及转移机制。对于原始的 T,只有在紫外光区的350 nm 和 370 nm 激发波长下才能检测到光电流响应,这被认为是 T 的阈值波长。这表明当只有 T 被激发时,2.5ZnPc/T 并没有发生明显的电子转移。然而,在能够激发 ZnPc 的 660 nm 激发波长下,出现了一个较弱的响应。这可能对应于光敏化电荷转移机制,也或许是从 ZnPc 到 T 的电子转移机制。较弱的响应信号表明,虽然存在光敏机制,但其导致的电荷分离效果较弱。有趣的是,当使用 660 nm 的单波光作为 ZnPc 的辅助激发光源时,可以发现2.5ZnPc/T 在370 nm 和 350 nm 激发波长下的响应明显增强。这充分说明当 ZnPc 和 T 同时被激发时,电子会从 T 转移到 ZnPc,从而证明了 Z 型电荷转移机制。与

2.5ZnPc/T 相比,同样在 660 nm 辅助单波光下,2.5ZnPc/1Au－T 在 370 nm 和 350 nm 激发波长下的响应进一步增强,这证明了 Au 纳米颗粒对电荷从 T 到 ZnPc 的转移具有积极作用。上述结果支持了 2.5ZnPc/1Au－T 的电荷转移主要遵循 Z 型电荷转移机制的结论。

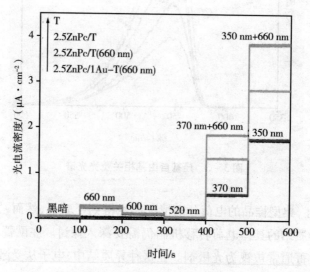

图 3－7 单波光电流作用谱

除了光吸收效率和电荷分离效率外,催化效率也是显著影响光催化活性的一个重要因素。为了深入探究所合成异质结的催化性能,测试并分析不同样品在不同气氛条件下的电化学还原曲线。在测试系统中分别注入 N_2 和 CO_2。图 3－8(a)为 N_2 气氛中不同样品的电化学还原曲线,而图 3－8(b)则为 CO_2 气氛中不同样品的电化学还原曲线。从图中可以发现,只有 2.5ZnPc/T 和 2.5ZnPc/1Au－T 的起始电位显著降低,这明确表明 ZnPc 在催化 CO_2 还原中发挥了重要作用。这与利用 ZnPc 中 Zn—N_4 位点作为 CO_2 还原催化位点的初始设计策略是一致的。值得注意的是,由于引入 Au 纳米颗粒,2.5ZnPc/1Au－T 与 2.5ZnPc/T 相比显示出更低的起始电位。由此可以得出结论:Au 诱导的 ZnPc 的高分散性使 ZnPc 暴露出更丰富的 Zn—N_4 位点,从而有利于光催化 CO_2 还原反应的进行。综上所述,在 2.5ZnPc/1Au－T 异质结中引入超小 Au 纳米颗粒,不仅可以扩大可见光的吸收范围,还可以有效促进 Z 型电荷转移,从而显著提

高光催化 CO_2 还原性能。

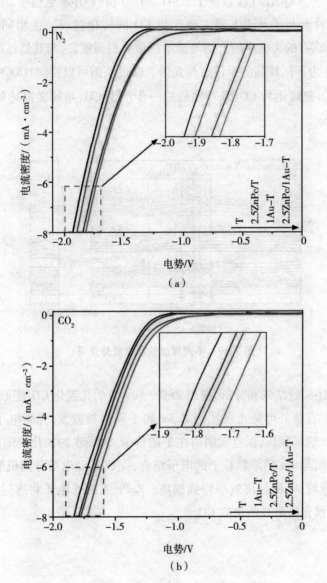

图 3 - 8　N_2 气氛中不同样品的电化学还原曲线(a);
CO_2 气氛中不同样品的电化学还原曲线(b)

对于 T、2.5ZnPc/T 和 2.5ZnPc/1Au - T,检测到的活性物种包括 $m - CO_3^{2-}$

（波数位于 1 374 cm^{-1}、1 508 cm^{-1}）、HCO$_3^-$（波数位于 1 456 cm^{-1}、1 488 cm^{-1} 和 1 645 cm^{-1}）、COOH*（波数位于 1 541 cm^{-1}）和 *CO（波数位于 2 017 cm^{-1}），这些活性物种参与了从 CO_2 到主要产物 CO 的转化过程。在相同的时间内，2.5ZnPc/1Au – T的关键中间产物峰显示出最大的强度，这与其最佳的光活性一致。图 3 – 9 为不同样品的原位红外光谱。通过该图可以推测，CO_2 的转化过程是吸附的 CO_2 先转化为 COOH*，然后进一步产生 CO，与前文描述的活性物种相吻合。

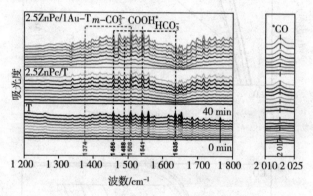

图 3 – 9 不同样品的原位红外光谱

· 基于上述实验结果和分析，提出 ZnPc/Au – T 的光催化 CO_2 还原机制，如图 3 – 10 所示。在紫外可见光照射下，ZnPc 和 T 同时被激发，光生电子从 T 的导带转移到 Au 纳米颗粒，而空穴则留在 T 的价带，诱导水的氧化。同时，ZnPc 上的光生空穴则与 Au 纳米颗粒上的电子结合，完成 Z 型电荷分离机制。通过引入 Au 纳米颗粒，电荷分离效率得到提高。ZnPc 上的光电子将通过 Zn(Ⅱ)—N$_4$中心还原预先吸附并活化的 CO_2。

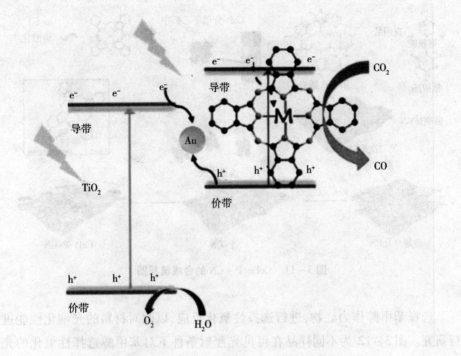

图 3 – 10　ZnPc/Au – T 的光催化 CO_2 还原机制示意图

3.3.2　酞菁钴/氮化碳二维异质结构建及光催化性能研究

P – CN 的合成可见本书的 3.2.2.2 节,CoPc/P – CN 的合成可见 3.2.2.3 节。此处不再赘述。图 3 – 11 为 CoPc/P – CN 的合成流程图。

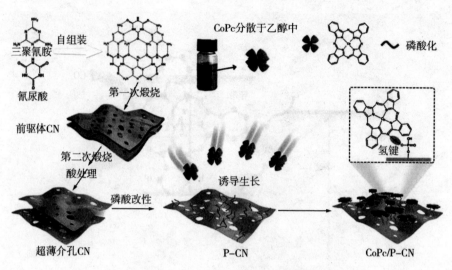

图 3-11　CoPc/P-CN 的合成流程图

选择苯甲醇作为底物，进行选择性氧化反应，以此对材料的光催化性能进行研究。图 3-12 为不同样品在可见光照射条件下对苯甲醇选择性氧化的光催化性能测试结果图。由该图可知，0.5CoPc/CN 和 0.5CoPc/9P-CN 的光催化性能都有显著提升。其中，0.5CoPc/9P-CN 在苯甲醇选择性氧化为苯甲醛的反应中表现出最佳性能。

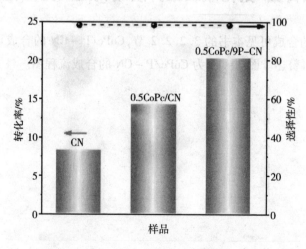

图 3-12　不同样品在可见光照射条件下对苯甲醇选择性氧化的光催化性能测试结果图

为了评价异质结体系的稳定性,以 0.5CoPc/9P – CN 为例,进行 4 次循环实验,结果如图 3 – 13 所示。实验结果表明,该异质结体系具有良好的稳定性,这能为其未来的实际应用提供有力支持。

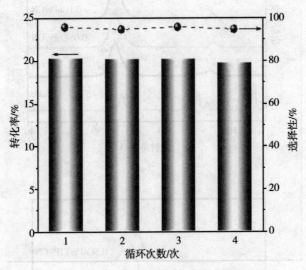

图 3 – 13　0.5CoPc/9P – CN 在可见光照射条件下
对苯甲醇选择性氧化的光催化氧化循环测试结果图

样品的晶相组成以及结构特征可以通过 XRD 进行分析,如图 3 – 14 所示。CN 在 27.3° 和 13.1° 处存在特征衍射峰,这两个峰分别对应晶面(002)和(100)。通过在 CN 上修饰不同量的 CoPc 或不同量的磷酸基团,对修饰后的 wCoPc/CN 和 0.5CoPc/zP – CN 的样品进行 XRD 分析,并未观察到典型的 CoPc 特征衍射峰。这可能是因为 CoPc 在所有样品中的含量较少,分散度却较高。

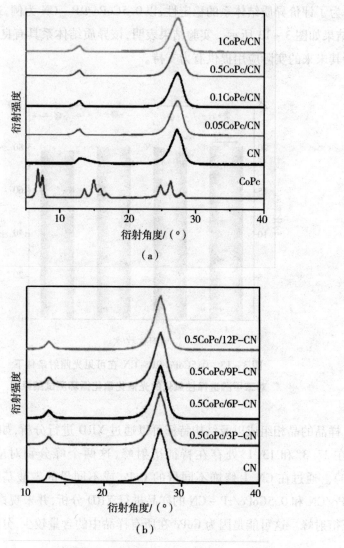

图 3 - 14 不同样品的 XRD 谱图

CN、CoPc 和 wCoPc/CN(a);CN 和 wCoPc/zP - CN(b)

图 3 - 15 为不同样品的 TEM 图。由图 3 - 15 (a) 可知,CN 形貌呈二维半透明丝绸状,这表明超薄 CN 纳米片制备成功。然而,在负载 0.5% 的 CoPc 后,CN 被模糊且粗糙的阴影所覆盖,如图 3 - 15 (b) 所示。这些阴影可能是由 CoPc 负载引起的,表明 CoPc 出现了局部聚集现象。相比之下,如图 3 - 15 (c)

所示,0.5CoPc/9P–CN 上出现的阴影更少,整体亮度更高,这意味着当磷酸基团存在时,CoPc 的分散性得到了改善。因此,可以推断磷酸基团有助于促进CoPc 分散,从而形成分布更加均匀的二维纳米复合材料。

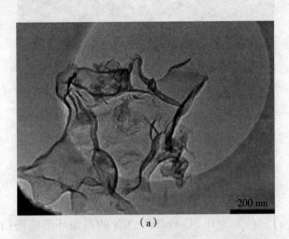

(a)

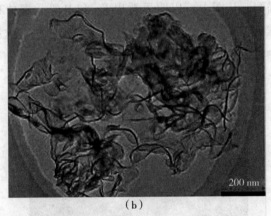

(b)

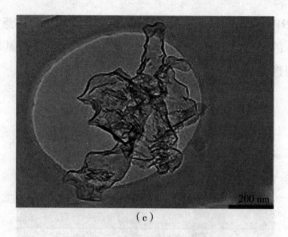

（c）

图 3 – 15　不同样品的 TEM 图

CN(a)；0.5CoPc/CN(b)；0.5CoPc/9P – CN(c)

图 3 – 16 （a）～（e）为 0.5CoPc/9P – CN 的高角环形暗场扫描图及其相应元素的 EDX 扫描图。从图中可以明显看出 Co 和 P 等元素分布均匀。这证明了 Co 和 P 等元素在 CN 上负载成功，且具有较高的分散性。这种高分散性也解释了 XRD 谱图中没有出现显著的 CoPc 特征峰的原因。

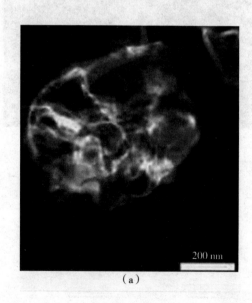

（a）

（b）

（c）

图 3-15　0.3CoPc@ZnIn₂S₄ 复合物的元素面扫描图（a）及其元素
C（b）、Co（c）的 EDS 面扫图

由图可知，0.3CoPc@ZnIn₂S₄ 复合物中，CoPc 与 ZnIn₂S₄ 中所
含的 C、Co、Zn、In 和 S 各元素均匀分布，说明 CoPc 已均匀复合
在异质结材料中，同时在 550～800 nm 范围内存在 CoPc 的 HOMO-LUMO 跃

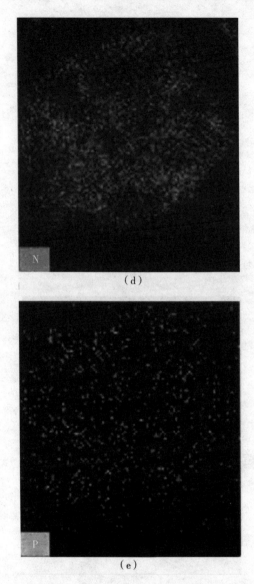

（d）

（e）

图 3 – 16　0.5CoPc/9P – CN 的高角环形暗场扫描图(a)及其相应元素

C(b)、Co(c)、N(d)、P(e) 的 EDX 扫描图

　　图 3 – 17 所示为 0.5CoPc/9P – CN、0.5CoPc/CN、CN 和 CoPc 的紫外可见吸收光谱,以及 CoPc 在复合材料中的光谱特征。由该图可知,CoPc 的光谱特征表现如下:Q 带的波长范围为 550 ~ 800 nm,这归因于从 HOMO 到 LUMO 的

$a_{1u}(\pi) - e_g(\pi^*)$ 跃迁；而 B 带的波长范围为 $250 \sim 350$ nm，是由 $a_{2u}(\pi)$ 到 LUMO 的跃迁引起的。

在 wCoPc/CN 系列样品中，如图 3 − 18（a）所示，随着 CoPc 含量增加，各样品的可见光吸收范围逐渐扩大，同时 Q 带的宽度增加，并出现一定程度的红移。从图 3 − 17 可以看出，0.5CoPc/CN 的 Q 带吸收峰比 CoPc 红移了 9 nm。相比之下，0.5CoPc/9P − CN 在进一步扩大可见光吸收范围的情况下，Q 带的宽度增加，但红移距离缩短，仅为 5 nm。因此，可以认为引入磷酸基团确实可以诱导 CoPc 的分散度提高，获得更大的可见光吸收范围，这也表明理论计算中预测的界面氢键相互作用更强。更重要的是，酞菁的特征吸收带可以提供更多关于支持 CoPc 状态的信息。在复合材料体系中，CoPc 的 Q 带红移主要是由于形成了类似砖块状结构的"J 型聚集体"。引入磷酸基团后，Q 带红移的距离缩短，表明磷酸基团可诱导 CoPc 的分散度提高，或者形成更松散和更薄的"J 型聚集体"，如图 3 − 17 中的插图所示。此外，如图 3 − 18（b）所示，0.5CoPc/zP − CN 的 Q 带吸收峰进一步验证了磷酸基团的作用。在相同的 CoPc 含量下，磷酸基团增加，Q 带的红移减小，Q 带的宽度增加，可见光吸收范围进一步扩大。

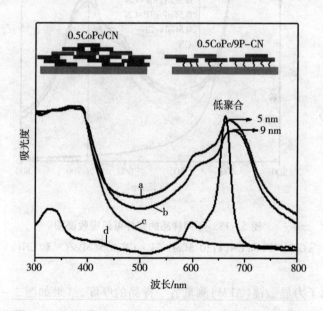

图 3 − 17　0.5CoPc/9P − CN(a)、0.5CoPc/CN(b)、CN(c) 和 CoPc(d) 的紫外可见吸收光谱及 CoPc 的光谱特征（插图）

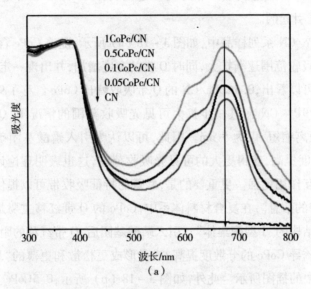

（a）

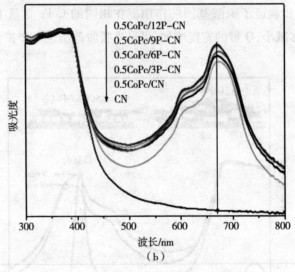

（b）

图 3 - 18　不同样品的紫外可见吸收谱图

wCoPc/CN 和 CN(a)；0.5CoPc/zP - CN、0.5CoPc/CN 和 CN(b)

　　通过原子力显微镜（AFM）测量各个样品的厚度，结果如图 3 - 19 所示。该图展示了 CN、0.5CoPc/CN 和 0.5CoPc/9P - CN 三种样品的 AFM 图以及相应的平均高度图。从这些图像中可以观察到，CN 的平均厚度为 3.4 nm，证明超薄二维 CN 制备成功。相比之下,0.5CoPc/CN 和 0.5CoPc/9P - CN 都呈现出二维纳米片结构,其厚度分别增加了大约 1.0 nm 和 0.6 nm。这进一步证明了引入磷酸基团有助于 CoPc 分散,使其形成更薄的纳米片结构。因此,引入磷酸基团对于分散 CoPc 具有积极作用,这与图 3 - 17 所展示的紫外可见吸收光谱结果一致。

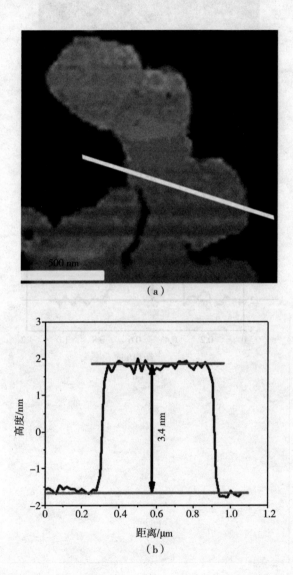

(a)

(b)

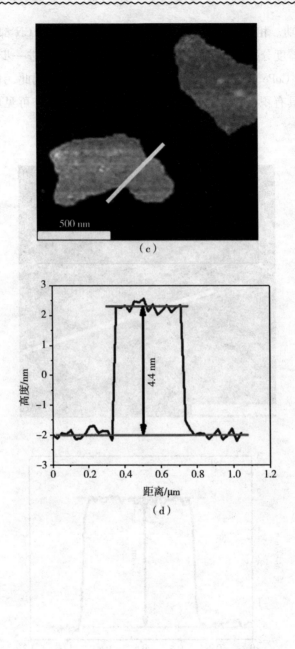

（c）

（d）

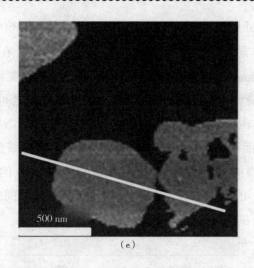

（e）

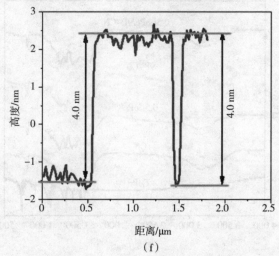

距离/μm

（f）

图 3 - 19　CN 的 AFM 图(a)和相应的平均高度图(b);

0.5CoPc/CN 的 AFM 图(c)和相应的平均高度图(d);

0.5CoPc/9P - CN 的 AFM 图(e)和相应的平均高度图(f)

　　傅里叶变换红外光谱可用于研究异质结的界面结合方式。图 3 - 20 为不同样品的傅里叶变换红外光谱。在该图中,1 327 cm^{-1} 处的吸收峰对应 C—N 键的伸缩振动,810 cm^{-1}、1 442 cm^{-1}、1 657 cm^{-1} 和 1 730 cm^{-1} 处的吸收峰对应的是三嗪环的面外弯曲振动,1 535 cm^{-1} 处的吸收峰代表 C═N 的伸缩振动。另外,在 3 000 cm^{-1} 处的吸收峰对应 C—H 键的伸缩振动,位于 3 200 cm^{-1} 至 3 500 cm^{-1} 之间的宽峰则主要源于样品表面上的羟基。在 0.5CoPc/CN 和 0.5CoPc/9P – CN 样品中,由于 CoPc 含量较低,其特征峰在光谱中并不明显,但 CN 的峰则相对显著,这表明负载的 CoPc 与 CN 和 P – CN 之间可能是通过非共价键相互作用结合在一起的。值得注意的是,在 0.5CoPc/CN 中,位于 3 200 ~ 3 500 cm^{-1} 的宽峰面积小于纯 CN,这可能是因为表面羟基减少。而在 9P – CN 中,引入磷酸基团增加了 CN 的峰面积,但负载 CoPc 后,CN 的峰面积又明显减小。通过这一现象可推断,表面羟基与 CoPc 或其他基团之间发生了氢键作用,进而可知表面羟基在界面相互作用中具有重要意义。

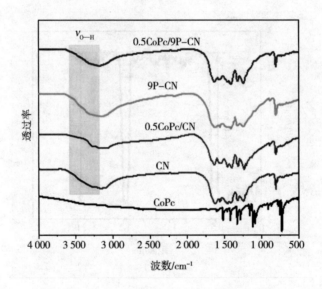

图 3 – 20 不同样品的傅里叶变换红外光谱

通过拉曼谱图进一步分析异质结的界面结合方式。图 3 – 21 为不同样品的拉曼谱图。该图中,位于 705 cm^{-1} 和 1 231 cm^{-1} 的特征峰对应于 CN 的特定振动模式。对于 0.5CoPc/CN 和 0.5CoPc/9P – CN,CN 的特征峰几乎没有变化,但 CoPc 的一些峰发生了明显变化。特别是位于 685 cm^{-1} 和 1 144 cm^{-1} 的峰,它们分别代表 CoPc 的大环和吡咯呼吸振动。这些峰通常是对 CoPc 分子间相互作用敏感的振动峰。值得注意的是,当 CoPc 负载到 CN 或 P – CN 上时,这些峰几乎消失,暗示 CoPc 分子间相互作用减弱。更明显的是,0.5CoPc/CN 和 0.5CoPc/9P–CN 中,CoPc 分子中 C—N—C 的振动峰分别移动到了1 547 cm^{-1} 和 1 551 cm^{-1},而纯 CoPc 的振动峰为1 540 cm^{-1},这表明界面相互作用可能导致 C—N 的电子密度发生不同程度的变化。因此,根据傅里叶变换红外光谱和拉曼谱图的结果,可以推测 CoPc/P–CN 是通过 CoPc 的氮原子和磷酸羟基的氢原子之间形成氢键作用,从而建立了界面连接。

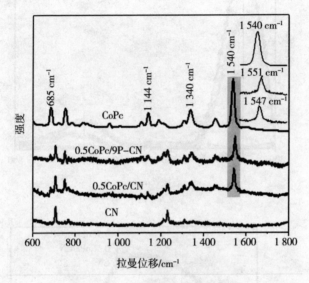

图 3 – 21　不同样品的拉曼谱图

稳态表面光电压谱通常能够有效反映光生电荷分离情况。一般而言,信号强度越高,电荷分离效果越好。图 3 – 22(a)为 N$_2$ 气氛中不同样品的稳态表面光电压谱图。由图可知,单独的 CN 并没有显示明显的稳态表面光电压信号,但在 300 ~ 450 nm 波长范围内,由于 CN 向 CoPc 传输电荷,异质结表现出了明显的信号,表明 CoPc 复合体显著提高了 CN 的电荷分离效率。在 550 ~ 800 nm 的波长范围中,存在相对较弱的信号,这主要是由 CoPc 的敏化作用导致的。此外,引入磷酸基团可以进一步促进电荷分离。为了深入研究光生电荷转移机制,可以使用瞬态表面光电压谱(TPV)来分析光生载流子的动态过程。根据图 3 – 22(b)可知,引入 CoPc 不仅可提高材料的电荷分离性能,还可显著延长光生载流子的寿命。这主要是因为 CN 激发产生的电子能够转移到 CoPc 的 LU-

MO 能级,引入磷酸基团则进一步促进了光生电荷分离。这与稳态表面光电压的测试结果一致。

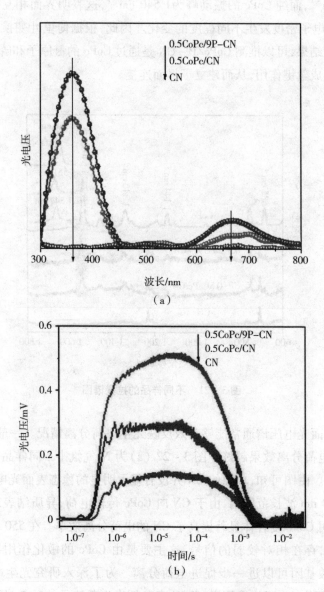

图 3 - 22　N$_2$ 气氛中不同样品的稳态表面光电压谱图(a);

N$_2$ 气氛中不同样品的瞬态表面光电压谱图(b)

为了进一步阐明电荷转移模式,进行单色光电流作用谱测试。图 3 - 23 为不同样品在不同光照条件下的单色光电流作用谱及其局部放大图。从图中可以发现,在黑暗处及 520 nm、470 nm 的光照条件下,CN 和 CoPc 都没有被激发,三种样品的光电流密度差异不大,可以忽略不计。在 460 nm 和 450 nm 的光照条件下,只有 CN 被激发,此时三种样品光电流密度相近,表明异质结中仍未发生显著的电荷转移。值得注意的是图 3 - 23 的局部放大图。由该图可知,在 440 nm 的光照条件下,三种样品光电流密度出现了明显的差异,按照 CN、0.5CoPc/CN、0.5CoPc/9P - CN 的顺序递增。这表明在 440 nm 的光激发下,由于 CoPc 的 LUMO 能级略高于 CN 的导带,光生电子可以获得足够的热力学能量,实现从 CN 到 CoPc 的电荷转移。随着激发波长进一步减小到 400 nm,三种样品的光电流密度均显著增加,这表明电荷分离性能得到显著改善,特别是 0.5CoPc/9P - CN 在电荷分离方面的优势变得更突出。

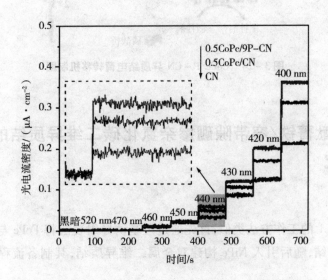

图 3 - 23　不同样品在不同光照条件下的单色光电流作用谱及其局部放大图

基于上述实验结果,对 CoPc/P - CN 异质结的电荷转移模式进行深入分析并绘制了相应的电荷转移机制图,如图 3 - 24 所示。在可见光照射条件下,当 CN 被激发时,光生电子首先以磷酸基团作为桥梁,从 CN 转移至 CoPc 的配体。

随后,这些电子迅速转移到 CoPc 的中心金属 Co^{2+}。最终,这些电子参与还原 O_2,产生 $\cdot O_2^-$ 自由基活性氧物种,从而实现了高效的苯甲醇选择性氧化光催化反应。

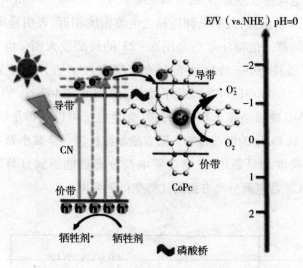

图 3 – 24　CoPc/P – CN 异质结电荷转移机制图

3.3.3　酞菁铁/窄带隙硼掺杂氮化碳二维异质结的光催化性能研究

与 3.3.1 的工作方法类似,首先通过羟基诱导组装法将 FePc 与 BCN 结合为二维异质结,随后引入 NiPc 构建双金属二维异质结,其制备流程如图3 – 25所示。

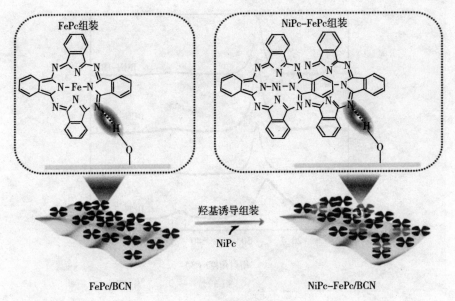

图3-25　异质结制备流程图

图3-26为不同样品的XRD谱图。对比图3-26（a）和图3-26（b）可知，当BCN样品中NaBH$_4$的添加量（记为BCN-mB，其中，1.0% ≤ m% ≤ 2.5%，m%表示NaBH$_4$相对于CN的质量百分比）或煅烧温度（记为BCN-n，其中，400 ℃ ≤ n ℃ ≤ 550 ℃，n ℃表示煅烧温度）增加时，CN在27.3°和13.1°处的特征衍射峰会逐渐减弱。这两个特征衍射峰分别对应于（002）和（100）晶面。这表明掺杂硼导致CN框架内有序结构损失。由图3-26（c）可知，当在BCN上沉积不同量的FePc时，XRD图谱中没有出现归属于FePc的额外峰，这表明FePc处于高分散状态。以0.15Ni-0.5FePc/BCN为例，进一步引入少量的NiPc后，与仅由FePc改性的BCN相比，XRD图谱中未出现明显的变化。

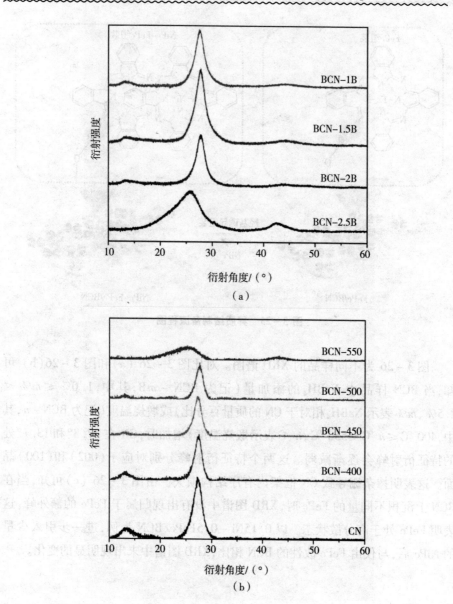

（a）

（b）

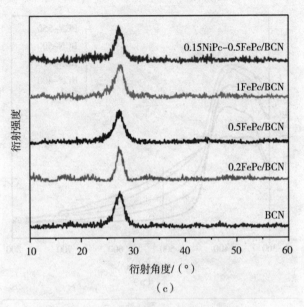

（c）

图 3 - 26　不同样品的 XRD 谱图

BCN - mB(a)；CN、BCN - n（ b ）；

BCN、qFePc/BCN、0. 15NiPc - 0. 5FePc/BCN（ c ）

图 3 - 27 为不同样品的紫外可见吸收光谱。由图 3 - 27 (a) 和 3 - 27 (b) 可知,在紫外可见吸收光谱中,BCN 样品的吸收边都呈现不同程度的红移,说明硼掺杂可通过缩小带隙能量增强 CN 对可见光的吸收能力。这可能是由于掺杂或缺陷导致中隙态产生,进而改变 CN 的能带结构。如图 3 - 27 (c) 所示,对于 FePc 修饰的 BCN 样品,随着 FePc 修饰量增加,550 ~ 800 nm 波长范围内样品的可见光吸收强度也逐渐提高。

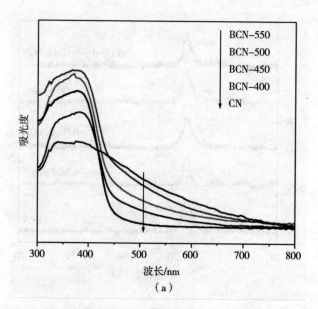

（a）

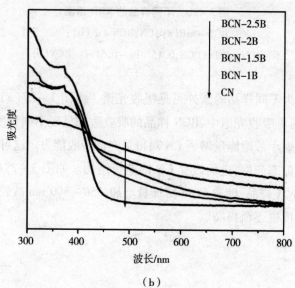

（b）

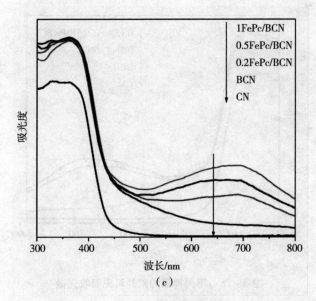

图 3 - 27　不同样品的紫外可见吸收光谱

CN、BCN - n(a);CN、BCN - mB(b);CN、BCN 和 qFePc/BCN (c)

图 3 - 28 为不同样品的紫外可见吸收光谱。由图可知,BCN 可见光吸收范围相较于 CN 出现显著的扩大。与 BCN 相比,FePc/BCN 和 NiPc - FePc/BCN 在可见光范围内均表现出了明显的酞菁特征光吸收带,特别是引入 NiPc 后,其 Q 带吸收出现了明显的红移。

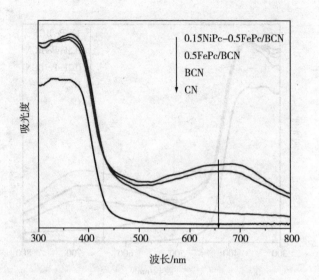

图 3 - 28　不同样品的紫外可见吸收光谱

　　利用 XPS 对样品的 B、C、N、Fe 以及 Ni 元素的化学环境进行分析,结果如图 3 - 29 所示。在加入 NiPc 后,样品的结合能出现了细微变化。据此可推测,C 原子上的羟基可能通过氢键作用与 FePc 配体中的 N 原子相连。同时,FePc 和 NiPc 之间可能更容易形成 π - π 相互作用。

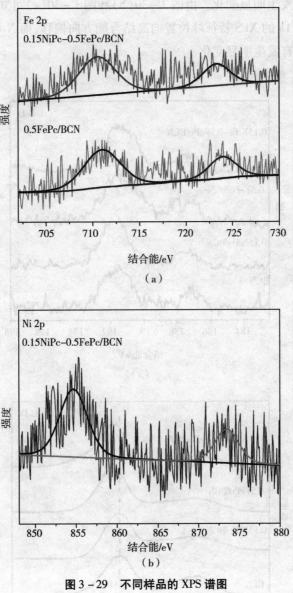

图 3 - 29　不同样品的 XPS 谱图

0.5FePc/BCN 和 0.15NiPc - 0.5FePc/BCN 的 Fe 2p(a)；

0.15NiPc - 0.5FePc/BCN 的 Ni 2p (b)

　　图 3 - 30 为不同样品的 XPS 图。由图 3 - 30 (a)可知,相对于 BCN,
0.15NiPc - 0.5FePc/BCN、0.5FePc/BCN 和 0.15NiPc/BCN 的 B 1s 的 XPS 特征

峰位置均没有发生明显变化。由图 3 - 30(b) 和图 3 - 30(c) 可知,相对于 BCN, 其他样品的 C 1s 的 XPS 特征峰位置向高结合能方向偏移,而 N 1s 的 XPS 特征峰位置仍旧没有发生明显变化。

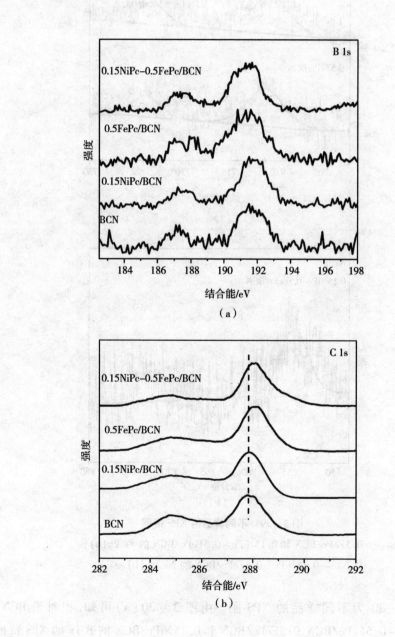

（a）

（b）

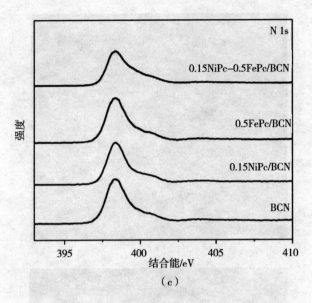

图 3 – 30　0.15NiPc – 0.5FePc/BCN、0.5FePc/BCN、

0.15NiPc/BCN 和 BCN 的 XPS 图

B 1s（a）；C 1s（b）；N 1s（c）

　　图 3 – 31（a）为 FePc/BCN 的透射电子显微镜图，图 3 – 31（b）为 NiPc – FePc/BCN 的透射电子显微镜图。从二者中均未观察到明显的阴影，这表示 BCN 具有超薄二维结构且酞菁在 BCN 表面没有发生明显的聚集。

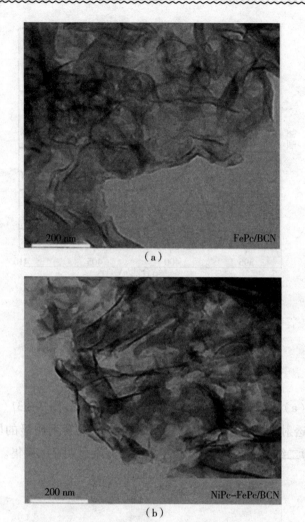

图 3 - 31   不同样品的透射电子显微镜图

FePc/BCN(a);NiPc - FePc/BCN(b)

图 3 - 32 为 NiPc - FePc/BCN 的高角环形暗场扫描图及其相应元素的 EDS 扫描图。由该图可知,Ni 元素、Fe 元素及 B 元素在二维异质结表面分布均匀。

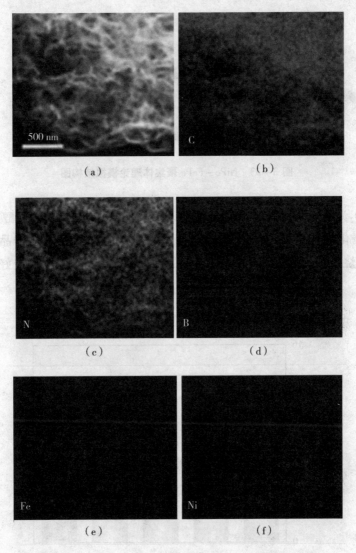

图 3 – 32　NiPc – FePc/BCN 的高角环形暗场扫描图(a)

及其相应元素 C(b)、N(c)、B(d)、Fe(e)、Ni(f)的 EDS 扫描图

图 3 – 33 为 NiPc – FePc 聚集体理论模拟结构图,理论计算模拟明确了
NiPc – FePc 呈 J 型聚集。

图 3 - 33 NiPc - FePc 聚集体理论模拟结构图

以 O₂ 为唯一氧化剂,在可见光照射条件下测定不同样品对苯甲醇选择性氧化的光催化性能,结果如图 3 - 34 所示。由该图可知,在所有样品中,经过500 ℃煅烧得到的、硼掺杂量为 1.5% 的 BCN 样品光催化性能最好,产率约为 15%。

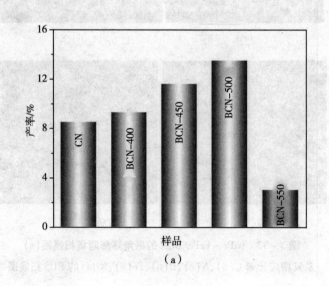

(a)

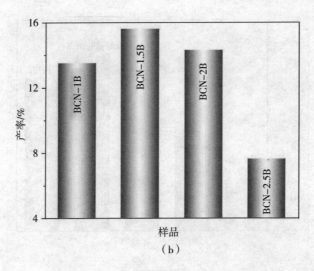

（b）

图 3－34　不同样品在可见光照射条件下对苯甲醇选择性氧化的

光催化性能测试

CN 和 BCN－n（a）；BCN－mB（b）

通过改变 MPc 与 BCN 偶联的种类和数量，进一步测试样品对苯甲醇选择性氧化的光催化性能，结果如图 3－35 所示。由该图可知，0.5FePc/BCN 的光催化性能最好。

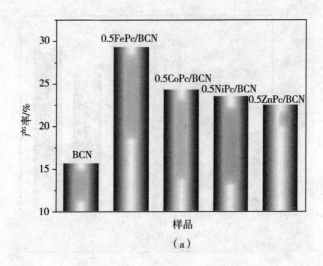

（a）

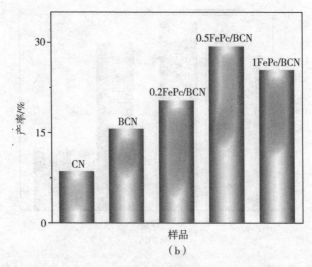

（b）

图 3 – 35　不同样品在可见光照射条件下对苯甲醇选择性氧化的
光催化性能测试

BCN 和 0.5MPc/BCN（a）；CN、BCN 和 qFePc/BCN（b）

在 0.5FePc/BCN 的基础上引入双酞菁（NiPc、CoPc、ZnPc 和 H_2Pc），结果如图 3 – 36 所示。由图可知，样品的光催化性能进一步提高。这表明在双酞菁间存在独特的协同效应。由图 3 – 36（a）可知，在所有的双酞菁修饰 BCN 样品中，NiPc 和 FePc 的组合效果最好。

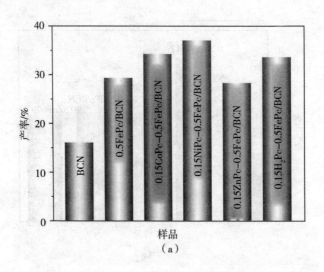

（a）

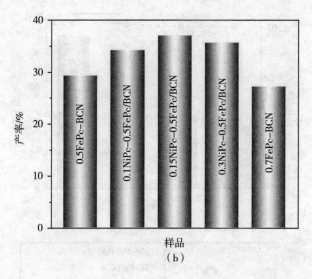

图3-36　不同样品在可见光照射条件下对苯甲醇选择性氧化的光催化性能测试

BCN、0.5FePc/BCN 和 0.15MPc-0.5FePc/BCN (a)；

qFePc/BCN 和 pNiPc-0.5FePc/BCN(b)

　　如图3-37（a）所示,与 BCN 相比,引入 FePc 显著提升了材料的性能。进一步引入 NiPc,NiPc-FePc/BCN 性能达到了最大值。性能最优的0.15NiPc-0.5FePc/BCN 最终实现了约38.5%的苯甲醇转化率和将近100%的苯甲醇选择性。羟基自由基作为一种重要的反应活性物质,其荧光信号能够反映样品的电荷分离情况。如图3-37（b）所示,所有样品的荧光信号强度按照 BCN、0.15NiPc/BCN、0.5FePc/BCN、0.15NiPc-0.5FePc/BCN 的顺序递增,与光催化性能的变化规律一致。由此可见,引入 MPc 可以增强电荷分离和扩大光吸收范围,从而可以显著提升材料的光催化性能,特别是当 NiPc 与 FePc 同时引入时,其性能最为理想。

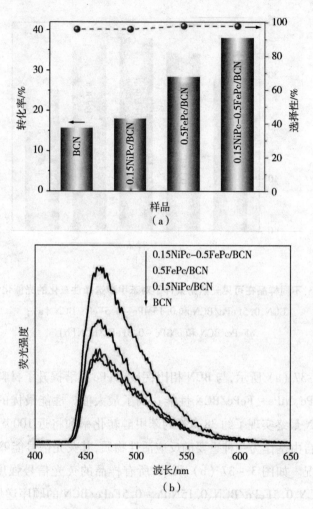

图 3 - 37　不同样品在可见光照射条件下对苯甲醇选择性氧化的光催化性能测试(a);
不同样品的羟基自由基荧光光谱(b)

考虑到电荷分离效率是影响 BCN 光催化性能的关键因素,对处理条件不同的多个 BCN 基样品进行稳态表面光电压谱表征。如图 3 - 38(a)所示, BCN - 500 的稳态表面光电压信号强度明显高于 CN,说明掺杂硼显著改善了电荷分离性能。这可能是因为硼掺杂诱导了电荷转移。因此, BCN 相较于 CN 的光催化性能提升,可以归因于可见光吸收范围扩大以及电荷转移效率提高。

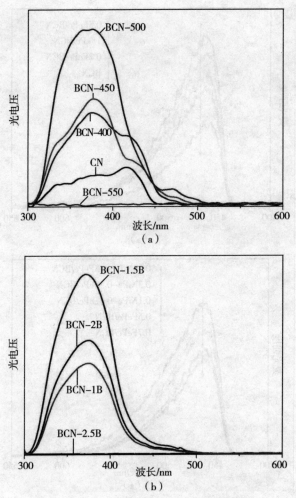

图 3 - 38　不同样品的稳态表面光电压响应

CN、BCN - n (a)；BCN - mB (b)

图 3 - 39 为各样品在可见光照射下形成的羟基自由基的荧光光谱。其测试结果与稳态表面光电压谱表征结果一致。这表明，在 NiPc 与 FePc/BCN 之间构建异质结可最大程度地提高光生电荷分离效率，从而增强材料的光催化性能。

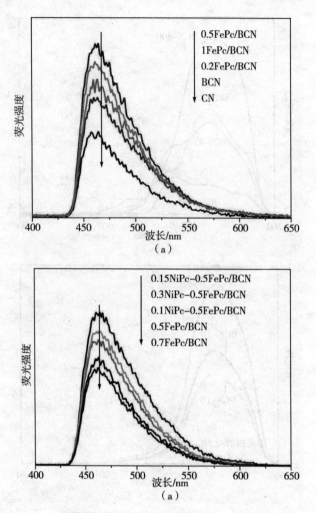

图 3 - 39　可见光照射条件下形成的羟基自由基的荧光光谱

CN、BCN、qFePc/BCN（a）；qFePc/BCN 和 pNiPc - qFePc/BCN（b）

　　为了验证样品的电荷分离性能及其稳定性，进行了光电流响应测试。如图 3 - 40 所示，所有的样品在可见光照射下都产生了光电流，但是密度有所不同。光电流密度越大，说明样品的电荷分离性能越好。其中，0.15NiPc - 0.5FePc/BCN 的光电流密度最大，随后依次为 0.5FePc/BCN、0.15NiPc/BCN 和 BCN。该测试不仅验证了负载 NiPc 和 FePc 对 BCN 的积极影响，还表明在测试过程中，所有样品的光电流密度均没有明显减小，这进一步证实所有样品的稳定性良好。

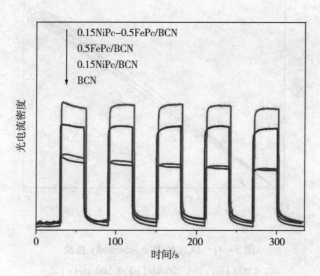

图3-40 不同样品的光电流响应测试结果图

通过 BCN 的紫外可见吸收光谱,可知其带隙能约为 2.36 eV。图 3-41 为 BCN 的 Mott-Schottky 曲线。由图可知,该曲线斜率为正,这表明 BCN 为 n 型半导体。此外,计算可知 BCN 的价带位置为 1.40 eV,导带位置为 -0.96 eV。

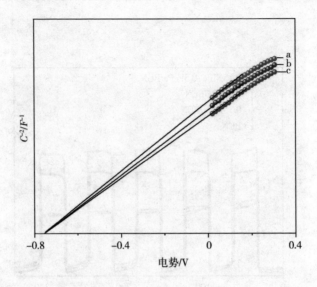

图 3 – 41　BCN 的 Mott – Schottky 曲线
2 000 Hz(a);1 700 Hz(b);1 500 Hz(c)

　　为了进一步明确所构建异质结的光生电荷分离机制,利用单波光电流作用谱来验证 Z 型电荷转移机制。如图 3 – 42 所示,随着波长增加,BCN 的光电流密度逐渐增大。在 660 nm 单色光辅助下(即 MPc 被激发),FePc/BCN 和 NiPc – FePc/BCN 光电流密度明显增加。这符合 Z 型电荷转移机制,且当 NiPc 存在时,电荷分离程度最大。

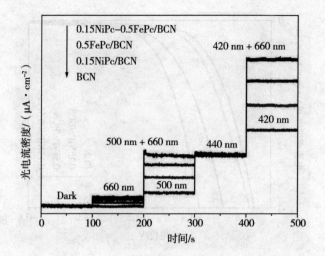

图 3 – 42　不同样品的单波光电流作用谱

除了电荷分离效率及光吸收效率,催化效率也是影响光催化性能的重要因素之一。图 3 – 43 为 O$_2$ 气氛中的电化学还原曲线。由图可知,在 O$_2$ 气氛中,与 BCN 相比,FePc/BCN 的起始还原电位更低,这说明 FePc 具有催化还原 O$_2$ 的功能。这与文献中报道结果一致,即 Fe—N$_4$ 中心可吸附催化 O$_2$。应当注意的是,NiPc – FePc/BCN 展现出更低的起始还原电位,这得益于 Ni – Fe 双位点的协同催化作用,可有效提高催化效率。

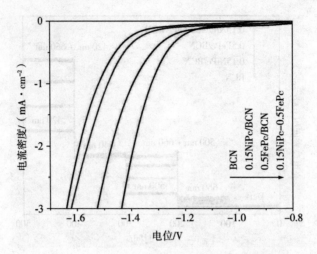

图 3 - 43 O_2 气氛中不同样品的电化学还原曲线

综上可知,增强的 Z 型电荷分离机制、Ni - Fe 双位点的协同催化作用以及拓大的可见光吸收范围可以有效提升 BCN 复合材料的光催化性能。

图 3 - 44 为存在不同捕获剂时,0.15NiPc - 0.5FePc/BCN 的光催化性能测试结果。在光催化系统中分别添加微量捕获剂,包括三乙醇胺(TEA)、1,4 - 苯醌(BQ)和异丙醇(IPA),以研究这些捕获剂对光催化反应中不同活性物种的捕获效果,从而确定这些活性物种对光催化反应的影响。其中,TEA(用于有机体系)被用作 h^+ 捕获剂,BQ 用作 $\cdot O_2^-$ 自由基捕获剂,IPA 用作 $\cdot OH$ 自由基捕获剂。

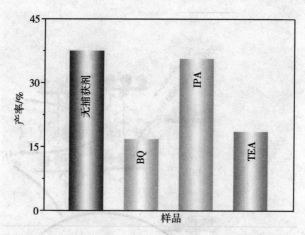

图 3 - 44　存在不同捕获剂时，0.15NiPc - 0.5FePc/BCN 的光催化性能测试

　　图 3 - 45 为 NiPc - FePc/BCN 在可见光照射条件下对苯甲醇选择性氧化光催化的机制示意图。由图可知，可见光照射下，双激发的 MPc(NiPc 与 FePc) 和 BCN 之间发生 Z 型电荷转移，具体表现为光生电子从 BCN 的导带转移至 MPc 的 LUMO。BCN 的空穴引发苯甲醇氧化，MPc 上的光电子经 Ni - Fe 协同催化，引发 O_2 还原，从而生成 · O_2^- 等活性氧物种。在空穴和活性氧物种协同作用下，苯甲醇被高选择性氧化转化。除苯甲醇外，最优样 0.15NiPc - 0.5FePc/ BCN 对不同醇底物的选择性氧化光催化性能情况可见表 3 - 1。

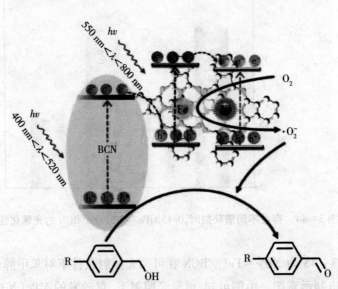

图 3 - 45 NiPc - FePc/BCN 在可见光照射下对苯甲醇选择性氧化光催化的机制示意图

表 3 - 1 0.15NiPc - 0.5FePc/BCN 对不同醇底物的选择性氧化的光催化性能

R_1	R_2	反应时间 /h	是否光照	产率/%
苯基	氢	6	+	38.2
苯基	氢	6	-	< 3.0
4 - 甲氧基苯基	氢	6	+	46.3
4 - 甲基苯基	氢	6	+	43.2
4 - 氯苯基	氢	6	+	32.1
4 - 硝基苯基	氢	6	+	26.6
苄基	氢	6	+	15.3
苯基	甲基	6	+	27.1
4 - 氟苯基	氢	6	+	29.4

3.4　本章小结

本章提出了一种普适性策略,用于构建含有 M—N$_4$ 催化位点异质结,这种异质结由 MPc 与传统半导体复合而成。该策略旨在促进电荷分离,引入单原子催化位点,并拓展光催化体系在可见光区的吸收范围。

通过在 ZnPc 和 T 之间引入粒径约 3 nm 的小 Au 纳米颗粒,成功合成了 Au 纳米颗粒界面调控的 ZnPc/T 异质结。优化的 2.5ZnPc/1Au – T 的光催化 CO$_2$ 还原性能是 2.5ZnPc/T 的 3 倍,是原始 T 的 10 倍。产物为 CO 和 CH$_4$。与大 Au 纳米颗粒相比,小 Au 纳米颗粒更有效地促进了电荷从 T 到 ZnPc 的转移,这一结论得到了荧光光谱和稳态表面光电压谱结果的支持。此外,傅里叶变换红外光谱和 XPS 分析证明了 Au 纳米颗粒与 ZnPc 的芳香环之间的相互作用导致了 ZnPc 分子高度分散,这不仅扩大了可见光的吸收范围,还暴露了更多 Zn—N$_4$ 催化位点。

利用硼掺杂下调了 CN 的价带和导带位置,得到作为氧化物半导体材料的 BCN。负载 FePc 及 NiPc – FePc 能够显著提升 BCN 对苯甲醇选择性氧化的光催化性能。单波光电流作用谱等结果证实,所构建的 FePc/BCN 及 NiPc – FePc/BCN 均遵循 Z 型电荷转移机制,即在 BCN 与 MPc 双激发的情况下,Ni – Fe 催化中心可展现出协同催化的功能。

该工作不仅可为设计并构建新型单原子异质结光催化材料提供新策略,还为该领域的研究提供理论依据。

第 4 章　氧簇锚定单原子修饰的二维异质结光催化材料构建及性能研究

4.1　引言

如第 1 章所述,传统催化、电催化及光催化领域中单原子的构建方法已相对丰富。然而,利用如 MPc 等含单原子位点的金属配合物复合的方式对单原子的配位调控空间有限。因此,亟待发展更多样化且可精确调控的新策略,特别是那些能够利用特殊微环境辅助单原子发挥催化功能的策略。因此,本章主要提出并发展一种新的"自下而上"的构建方法,该方法利用氧簇结构中的氧作为配位原子来锚定单原子。此外,本章还结合同步辐射、球差电镜和理论计算模拟技术对所构建的单原子进行表征确认,并通过光物理、光化学及原位技术对反应机制进行研究。

4.2　实验部分

4.2.1　Ni – Co 共修饰的氮化碳光催化剂合成方法

4.2.1.1　CN 的制备

CN 的制备方法参见 3.2.2.1,此处不再赘述。

4.2.1.2　硼氧团簇修饰氧化碳(bCN)的制备

首先,将 0.5 g 的 CN 加入 30 mL 的去离子水中,并进行 1 h 的超声处理,确保均匀分散。接下来,在另一个容器中用水溶解预先定量的硼酸,然后将其加入 CN 悬浮液中。通过超声搅拌,使 CN 和硼酸充分混合,以得到均匀分散的悬浮液。将该悬浮液转移到聚四氟乙烯反应釜中,在 120 ℃ 的条件下进行 2 h 的水热反应。最后,使用去离子水和无水乙醇对样品进行多次洗涤,并在 60 ℃ 的条件下进行干燥处理,得到的产物记为 bCN。

4.2.1.3 xNi–bCN 的合成

将 0.2 g bCN 分散在 100 mL 去离子水中。在 80 ℃ 下,逐滴滴加不同体积的 Ni(NO_3)$_2$ 水溶液,并进行水浴加热和搅拌 3 h。随后,对反应混合物进行离心处理,用去离子水和无水乙醇进行多次洗涤,最后在 60 ℃ 下干燥。得到的样品记为 xNi–bCN,其中 $x \times 10^{-5}$ mol·L^{-1} 代表 Ni(NO_3)$_2$ 的浓度,$1.0 \leqslant x \leqslant 2.5$。按照相同方法以 CN 替代 bCN,等摩尔浓度的氯铂酸溶液替代 Ni(NO_3)$_2$ 溶液,即制得 Pt–CN 对比样品。

4.2.1.4 xNi–yCo/bCN 的合成

在 50 mL 的去离子水中分散 0.2 g 的 bCN 样品。然后,适量滴加 Ni(NO_3)$_2$ 和 Co(NO_3)$_2$ 水溶液到 bCN 悬浮液中。在 80 ℃ 下对混合物进行水浴加热和搅拌,持续 3 h。之后,使用无水乙醇对反应混合物进行多次洗涤与离心处理,然后在 60 ℃ 条件下进行干燥处理。最终合成得到的样品以 xNi–yCo/bCN 表示,其中,x 表示 Ni(NO_3)$_2$ 的浓度,y 表示 Co(NO_3)$_2$ 的浓度。

4.2.1.5 利用 MOF 中钛氧簇锚定单原子的合成方法

首先制备 NTU–9。将 0.102 g 的 2,5–二羟基对苯二甲酸溶于 4 mL 体积比为 1∶1 的异丙醇/乙腈混合溶剂中,然后向其中加入无水钛酸异丙酯(38 μL)并搅拌 1 h。之后,将其转入水热反应釜,在 120 ℃ 条件下水热处理 10 h。待反应结束后,降温,充分洗涤并干燥,最终获得 NTU–9。

其次制备 NTU–9 超薄纳米片(N)。将 NTU–9 加入异丙醇中,并通过连续超声处理 48 h 以获得 NTU–9 的异丙醇分散液,将其蒸干,得到的产物记为 N。

再次制备 Ni–N。将浓度为 0.02 mol·L^{-1} 的氯化镍溶液加入上述 NTU–9 的异丙醇分散液中,在 80 ℃ 下回流搅拌 3 h,从而获得单原子 Ni–N/异丙醇分散液,将其蒸干,得到的产物记为 Ni–N。

最后制备单原子 Ni – N/B。按照文献中的方法合成 BiVO₄ 纳米片（B），向 B/乙醇分散液加入所制备 Ni – N/异丙醇分散液,然后在 80 ℃ 条件下加热回流 1h。之后,通过减压抽滤得到固体产物。经蒸馏水和乙醇多次洗涤后,得到最终单原子 Ni – N/B 光催化剂。此外,将 Ni – N 替换为 N,则获得对比样品 N/B 光催化剂。将单原子 Ni – N/B 光催化剂记为 pNi – qN/B,N/B 异质结记为 qN/B。其中,p 代表 Ni 与 NTU – 9 中 Ti 元素的物质的量比,$0.5 \leqslant p \leqslant 1.5$;$q$% 代表 N 相对于 B 的质量百分比,$4\% \leqslant q\% \leqslant 8\%$。

4.2.2　硼氧团簇 Co 单原子和离子液体共修饰的 bCN 的合成方法

4.2.2.1　yCo – bCN 的合成方法

将 0.2 g 的 bCN 样品分散于 100 mL 去离子水中。之后,在 80 ℃ 的条件下,将一定体积的 Co(NO₃)₂ 水溶液滴加入 bCN 悬浮液中,同时进行水浴加热和搅拌 3 h。经过离心处理后,用去离子水和无水乙醇反复洗涤,并在 60 ℃ 的条件下干燥。得到的样品以 yCo – bCN 表示,其中 $y \times 10^{-5}$ mol·L⁻¹ 代表 Co(NO₃)₂ 的浓度,$1.0 \leqslant y \leqslant 2.1$。

4.2.2.2　nEN/yCo – bCN 的合成方法

首先,配制浓度为 5.000 mmol·L⁻¹ 的咪唑离子液体(EN)和甲醇的混合溶液,总体积为 20 mL。取 0.05 g 已制备好的 1.5Co – bCN 样品,将其转移至配制好的 EN 和甲醇的混合溶液中。为了使其能够均匀分散,进行 30 min 的超声搅拌。然后,在 80 ℃ 的真空烘箱中提前抽真空并进行 12 h 的干燥,得到备用的样品。合成的样品记作 nEN/yCo – bCN,其中 n 代表 EN 的浓度 (0.500 mmol·L⁻¹、0.625 mmol·L⁻¹ 和 0.750 mmol·L)。

4.3　结果与讨论

4.3.1　Ni、Co 共修饰的氮化碳光催化剂的合成及光催化性能

在本章中,我们首先合成了 CN,然后通过低温水热法将硼氧均匀分散到 CN 上,形成了硼氧改性的 CN(bCN)。接着,我们按照特定的物质的量比,对 bCN 进行了 Co 和 Ni 原子修饰,从而制备了双单原子 xNi$-y$Co/bCN 光催化剂。我们经研究发现,单个 Ni 原子在 CO_2 还原过程中有助于提取电子,而单个 Co 原子能够捕获空穴并促进水的氧化反应。

为了评估单原子 Ni 对 bCN 活性的影响,我们进行光催化 CO_2 转化实验。如图 4-1 所示,单原子 Ni 修饰后的 bCN 样品(xNi$-$bCN)表现出明显的性能提升,实现了 CO_2 向 CO 和 CH_4 的转化。其中,2.1Ni$-$bCN 表现出最佳的光催化 CO_2 还原性能。

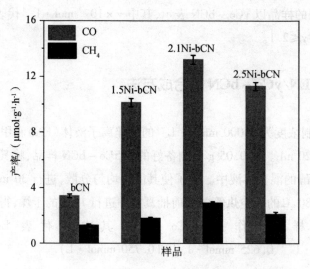

图 4-1　bCN 与 xNi$-$bCN 光催化 CO_2 还原性能测试

如图4-2所示,荧光光谱表明,相较于未修饰的bCN,单原子Co和Ni共修饰的bCN(xNi-yCo/bCN)荧光强度明显降低,这说明样品的电荷分离能力经过单原子Ni和Co共修饰后得到了极大的改善。在不同样品系列中,1.3Ni-0.8Co/bCN的荧光强度最低,表明其具有最高的电荷分离效率。

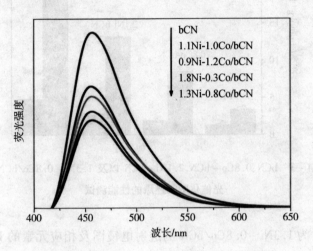

图4-2 bCN、xNi-yCo/bCN 的荧光光谱图

为探索以上光催化剂的性能,进行了光催化CO₂还原测试。如图4-3所示,单原子Ni修饰后的样品(2.1Ni-bCN)和单原子Co修饰后的样品(0.8Co-bCN)的光催化CO₂还原性能均得到了显著的提高,且两者表现相似。值得注意的是,单原子Ni和Co共同修饰的样品1.3Ni-0.8Co/bCN展现出最高的光催化CO₂还原性能。

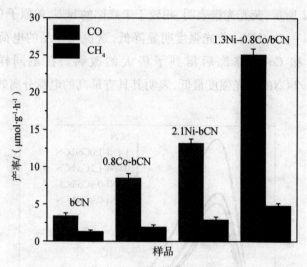

**图 4 – 3 bCN、0.8Co – bCN、2.1Ni – bCN 以及 1.3Ni – 0.8Co/bCN 的
光催化 CO₂还原的性能测试**

图 4 – 4 为 1.3Ni – 0.8Co/bCN 的透射电镜图及相应元素的 EDX 扫描图。由图可知,1.3Ni – 0.8Co/bCN 呈现为二维片状形貌,EDX 图证实了 B、Ni 和 Co 等元素在 CN 上分散且分布均匀。图 4 – 5 为 1.3Ni – 0.8Co/bCN 的 AFM 图及其相关高度剖面图。由图可知,纳米片的平均厚度约为 2.7 nm,这与 TEM 观察结果一致。

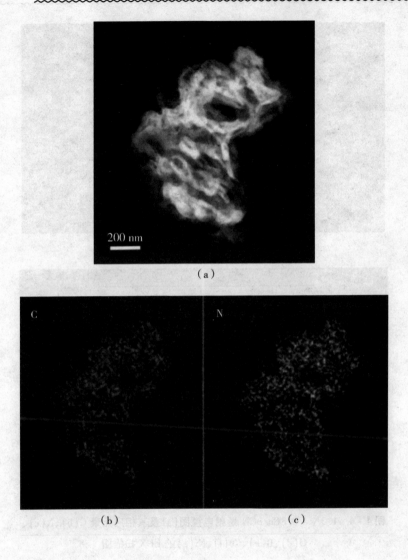

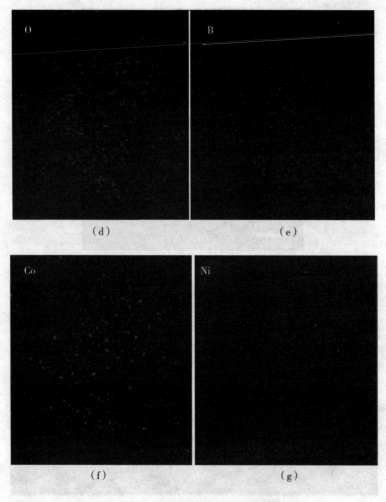

图 4 - 4　1.3Ni - 0.8Co/bCN 透射电镜图(a)及其相应元素 C(b)、N(c)、
O(d)、B(e)、Co(f)、Ni(g) 的 EDX 扫描图

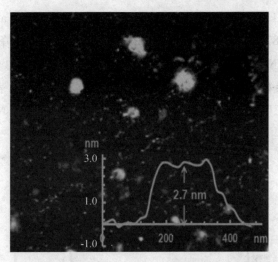

图 4-5　1.3Ni-0.8Co/bCN 的 AFM 图及其相关高度剖面图

　　由于单原子的尺寸较小,使用球差电镜可以更准确地验证 Ni 和 Co 的存在形式。图 4-6 所示的 1.3Ni-0.8Co/bCN 的高角环形暗场扫描图中,独立的圆圈表明 Ni 和 Co 以单原子的形式存在,并且这些单原子 Ni 和 Co 位点均匀地分散在 bCN 上。这与 TEM 等测试结果一致,证明了 xNi-yCo/bCN 样品的成功合成。

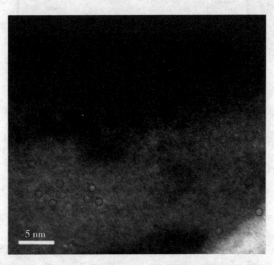

图 4-6　1.3Ni-0.8Co/bCN 的高角环形暗场扫描图

图 4-7 为 1.3Ni-0.8Co/bCN 的 XPS 光谱。从图 4-7(a)中可以观察到在 854.5 eV 和 871.7 eV 处出现了 Ni $2p_{3/2}$ 和 Ni $2p_{1/2}$ 的特征峰,以及相应的卫星峰,表明存在 Ni^{2+} 物质。同样,如图 4-7(b)所示,在 780.3 eV 和 795.8 eV 处的两个峰以及相应的卫星峰分别归属于 Co $2p_{3/2}$ 和 Co $2p_{1/2}$,表明存在 Co^{2+} 物质。这些结果证明我们成功地合成了含有双氧配位环境的 Ni 和 Co 单原子 Ni-Co/bCN 结构。

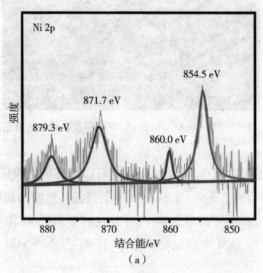

(a)

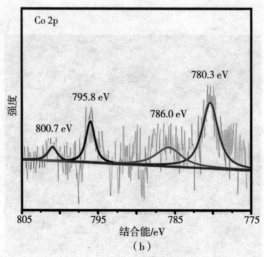

(b)

图 4-7 1.3Ni-0.8Co/bCN 的 Ni 2p(a)和 Co 2p(b)的 XPS 光谱

　　进一步通过电子顺磁共振谱测试了各系列样品在光照条件下产生的·O_2^-
自由基数量,电子顺磁共振信号的强度与自由基数量成正比,能够反映电荷分
离的能力。如图4-8所示,单原子Ni或Co修饰的样品的电子顺磁共振信号
强度相较于bCN都显著提高,而Ni和Co的共修饰样品(1.3Ni-0.8Co/bCN)
具有最强的电子顺磁共振信号,这表明这两种单原子共修饰可以显著提高样品
的电荷分离效率。

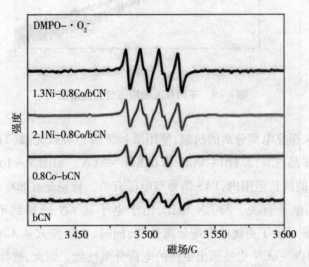

图4-8　bCN、0.8Co-bCN与xNi-yCo/bCN的电子顺磁共振谱图

　　通过瞬态荧光测试可验证单原子Ni和Co对bCN电荷分离的影响。荧光
寿命越短,电荷分离能力越强。图4-9为不同样品瞬态荧光光谱图。由图可
知,2.1Ni-bCN和0.8Co-bCN相对于bCN,荧光寿命缩短,表明单原子Ni修
饰或者单原子Co修饰后,bCN电荷分离性能有所提高。然而,1.3Ni-
0.8Co/bCN样品相较于以上两种样品(2.1Ni-bCN和0.8Co-bCN)的荧光寿
命进一步缩短,表明单原子Ni和Co的共修饰可以促进bCN的电荷分离。

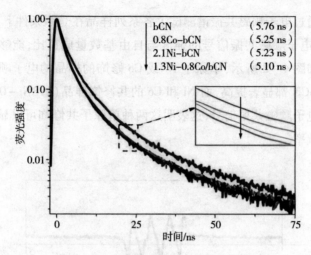

图 4 – 9　不同样品的瞬态荧光光谱图

为了深入探究电荷分离的机制,使用微秒级瞬态吸收光谱(TAS)技术研究了三种典型样品:CN、2.1Ni – bCN 和 0.8Co – bCN。如图 4 – 10(a)所示,在 700 ~ 950 nm 的波长范围内,TAS 信号与电子有关。特别是在 800 nm 处 TAS 信号与 CN 中的电子有关。与 CN 相比,由于电子从 CN 迁移到单原子 Ni 上,2.1Ni – bCN 显示出了更优的电荷分离性能;同时,由于空穴从 CN 迁移到单原子 Co 上,0.8Co – bCN 也显示出更优的电荷分离性能。因此,选择 800 nm 作为指纹波长继续测试。

图 4 – 10(b)显示出上述三种典型样品中电子的半衰期。这表明单原子 Ni 通过电子捕获的方式延长了样品的半衰期,而单原子 Co 则通过空穴捕获的方式缩短了样品的半衰期。

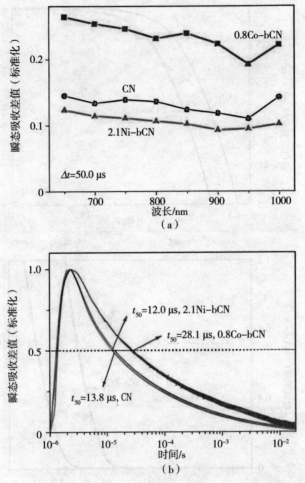

图 4 – 10　不同样品在不同波长下的光生载流子的微秒瞬态吸收光谱(a)；
在 800 nm 处不同样品的微秒瞬态吸收光谱(b)

　　为深入了解 Ni 和 Co 的共修饰如何改善 CN 的光催化活性，对催化机理做相应分析。如图 4 – 11(a)所示，在 CO_2 气氛中，单 Ni 原子修饰样品的电势数值的绝对值低于未修饰 CN，这表明引入单原子 Ni 后，CN 的催化活性显著提高。如图 4 – 11(b)所示，在 N_2 气氛中，单 Co 原子修饰的样品具有最低的电势，表明引入单原子 Co 后，CN 的催化活性也得到了显著提高。图 4 – 12 进一步展示了 Ni – Co/bCN 的光催化机理示意图，详细阐述了 Ni 和 Co 共修饰的作用机制。

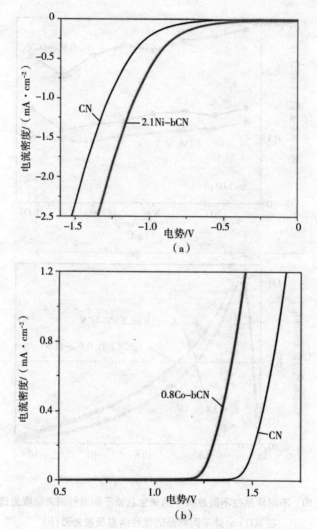

图 4 – 11 CO_2 气氛中 CN 和单 Ni 原子修饰样品的电化学还原曲线(a);

N$_2$ 气氛中 CN 和单 Co 原子修饰样品的电化学氧化曲线 (b)

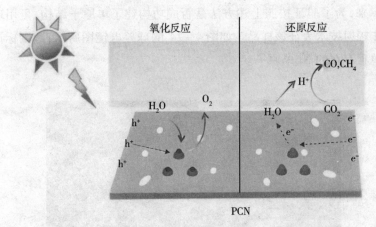

图 4 - 12　全光下 Ni - Co/bCN 对 CO_2 还原的光催化机理示意图

4.3.2　硼氧团簇锚定单原子 Ni 光催化剂构建及 CO_2 还原性能

如图 4 - 13 所示,超薄 CN 经低温水热过程的硼酸修饰后获得 bCN。硼氮配位键有助于 B—O 结构在 CN 表面的高度分散。随后,通过离子交换法成功修饰单原子 Ni,获得最终的 Ni - bCN 样品。其具体制备过程还可见于本书的4.2.1.3。

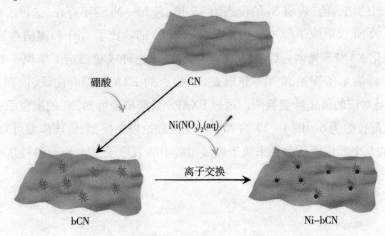

图 4 - 13　单原子 Ni 光催化剂合成简易流程图

接下来,为了验证按照上述方法是否成功构建了单原子结构,可用球差电镜及同步辐射技术表征该样品。如图 4 – 14 的球差电镜图所示,圆圈标记的亮点即为单独存在的 Ni 单原子。

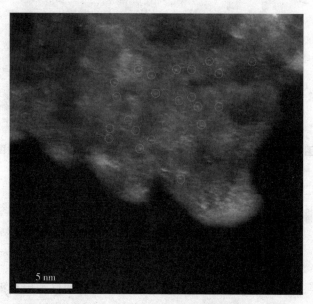

图 4 – 14　Ni – bCN 的球差电镜图

此外,如图 4 – 15(a)所示,Ni – bCN 的 EXAFS 光谱的傅里叶变换呈现出与 NiO 相似的结合能,表明 Ni 的价态为 +2 价,且 Ni—Ni 键不存在,这再次确认了所引入的 Ni 以单原子形式存在。图 4 – 15(b)则对比了 NiO 和镍箔在镍 K 边的归一化 XANES 光谱。综上结果可证明,硼氧物种成功锚定了单原子 Ni。图 4 – 16(a)展示了镍箔和 Ni – bCN 的 Ni K 边的 EXAFS 拟合曲线,而图 4 – 16 (b)则是对应的傅里叶变换图。通过 EXAFS 数据拟合可知,Ni 的配位原子为氧原子且配位数为6。图 4 – 17 为 Ni – bCN 的理论模拟模型,由该模型可知,单原子 Ni 的 6 个配位原子分别来源于硼氧团簇中的氧原子及水分子和羟基中的氧原子。

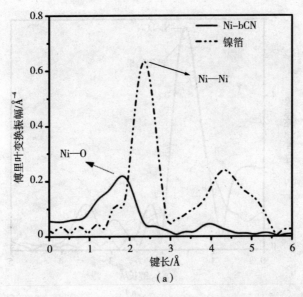

（a）

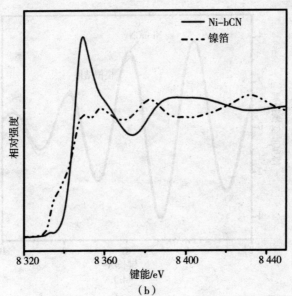

（b）

图 4 - 15　镍箔和 Ni – bCN 在镍 K 边 EXAFS 光谱的傅里叶变换图（a）；

镍 K 边的归一化 XANES 光谱（b）

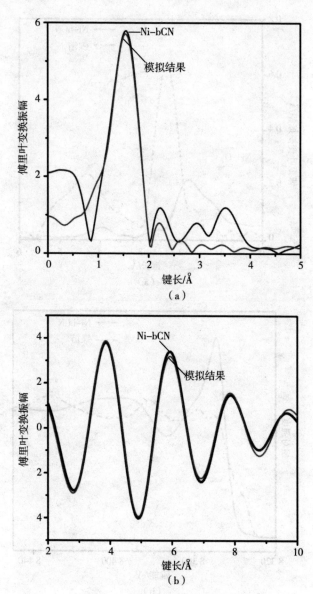

**图 4 – 16　Ni – bCN 的 Ni K 边的 EXAFS 拟合曲线(a);
对应的傅里叶变换图(b)**

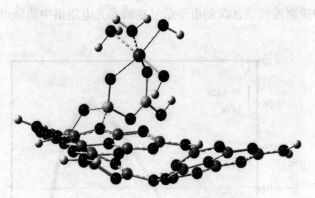

图 4 - 17 Ni - bCN 的理论模拟模型

图 4 - 18 为所合成样品在紫外可见光照射 4 h 条件下的光催化 CO_2 还原性能测试结果。从图中可知,与 CN 相比,Ni - bCN 的光催化 CO_2 转化率实现了大幅提升。值得注意的是,当加入等物质的量的 Pt 作为助催化剂时,Ni - bCN 的性能可与 Pt - CN 相媲美,且超越了对比样 Ni - CN。这一结果充分表明单原子 Ni 位点对材料的光催化 CO_2 还原性能有着良好的促进作用。

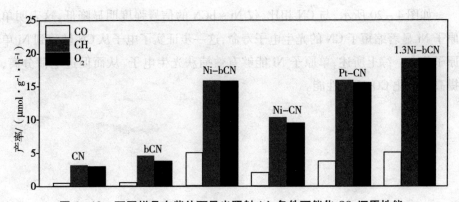

图 4 - 18 不同样品在紫外可见光照射 4 h 条件下催化 CO_2 还原性能

为了深入理解单原子 Ni 与光催化性能之间的构效关系,多种光物理手段被用于研究单原子 Ni 对光生电荷分离的影响。如图 4 - 19 所示,瞬态光电压谱中仅 Ni - bCN 表现了明显的正向信号,这证明了单原子 Ni 具有有效捕获 CN 的光生电子的能力。此外,瞬态光谱也可用于研究单原子 Ni 的捕获电子作用。

在 800 nm 的探测波长下, CN 的电子信号在瞬态光电压谱中清晰可见。

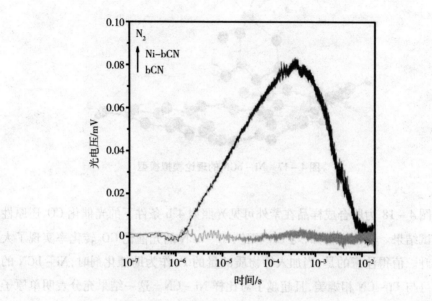

图 4 – 19   bCN 和 Ni – bCN 的瞬态光电压谱

如图 4 – 20 所示, 与 CN 相比, 仅 Ni – bCN 的信号强度明显降低, 这表明单原子 Ni 显著缩短了 CN 的光生电子寿命, 这一步证实了电子从 CN 转移到 Ni 单原子位点。综上所述, 单原子 Ni 能够有效捕获光生电子, 从而促进电荷分离, 提高光催化 CO_2 还原性能。

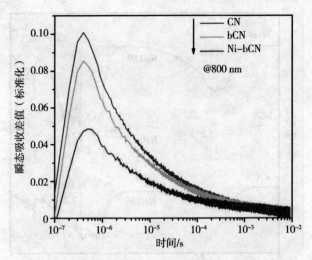

图 4 - 20　CN、bCN 和 Ni - bCN 的微秒瞬态吸收光谱

（探测波长为 800 nm，激发光源为 355 nm）

　　在确认了单原子 Ni 的捕获光电子能力后，其对反应物的吸附和催化能力便成为决定单原子 Ni 光催化材料性能的关键因素。在光催化以水为溶剂的 CO_2 还原反应中，水和 CO_2 均可能作为反应物参与反应。然而，水还原通常会导致副反应产氢，这是我们希望避免的。如图 4 - 21（a）所示的傅里叶变换红外光谱表明，CN、bCN 和 Ni - bCN 的吸附水能力依次增强（以图中所示峰高比值来比较吸附水能力）。该结果证明硼氧团簇及后续引入的单原子 Ni 位点均可增强水在材料表面的吸附能力。另外，从图 4 - 21（b）H_2O - 程序升温脱附质谱结果中也可发现 Ni - bCN 对应的曲线具有最大峰面积及最高水脱附温度。由图 4 - 22（a）O 1s 的动力学光谱可以观察到，在吸附水后，O 1s 峰出现了明显的偏移。图 4 - 22（b）的差分结合能 O 1s，进一步证实了单原子 Ni 位点所吸附的确实是水分子。

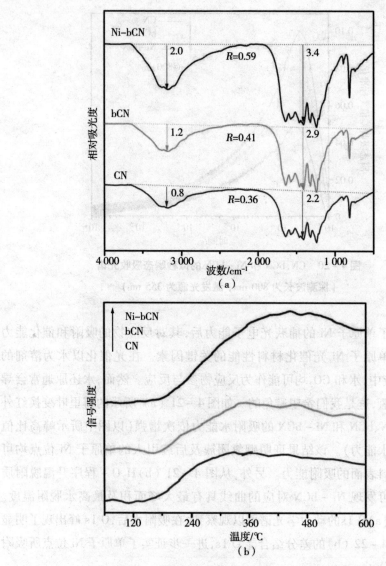

图 4 – 21　不同样品的傅里叶变换红外光谱(a)和 H_2O – 程序升温脱附质谱图(b)

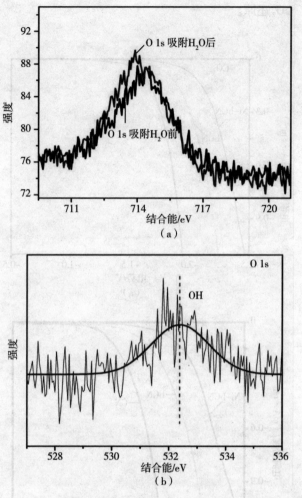

图 4-22　Ni-bCN 吸附水前后 X 射线光电子能谱 O 1s 动力学光谱(a)；

吸附水前后差分 O 1s 结合能谱(b)

　　为了进一步明确单原子位点的催化功能,获得了 N_2 和 CO_2 气氛中的电化学还原测试结果,如图 4-23 所示。在 N_2 和 CO_2 鼓泡条件下,获得了几乎一致的电化学还原曲线。此外,在 N_2 气氛中,Ni-bCN 表现出了最小的起始还原电位。这些结果表明单原子 Ni 并不直接催化还原 CO_2。然而,光催化性能结果确实证明单原子 Ni 提升了 CO_2 还原性能。考虑到还原水产生氢原子在热力学上是一个更容易的过程,因此推断单原子 Ni 通过活化优先吸附的水分子产生氢自由

基间接引发了 CO_2 还原。

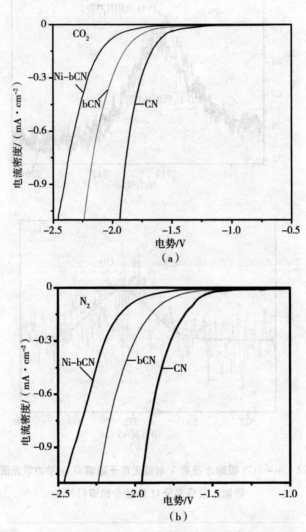

图 4 - 23　CN、bCN 和 Ni - bCN 在 CO_2 鼓泡体系中的电化学还原曲线(a)；
CN、bCN 和 Ni - bCN 在 N_2 鼓泡体系中的电化学还原曲线(b)

　　基于上述分析,可绘制单原子 Ni 光催化 CO_2 还原反应机制图。如图 4 - 24 所示,当 bCN 被激发时,单原子 Ni(Ⅱ)—O_6 位点捕获 CN 的光生电子,进而优先还原吸附的 H_2O 分子产生氢自由基,这些氢自由基进一步引发了 CO_2 还原,产物包括 CO 和 CH$_4$。

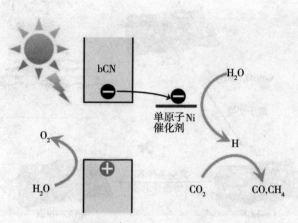

4-24　单原子 Ni 光催化 CO$_2$ 还原反应机制图

4.3.3　硼氧团簇单原子 Co 和离子液体共修饰超薄氮化碳合成及光催化性能

图 4-25 为 EN／Co-bCN 光催化剂的合成示意图。依照本书 4.2 的相关合成方法制备 CN、bCN 与 Co-bCN 后,将离子液体[emim][BF$_4$]通过氢键诱导的方式组装在 Co-bCN 暴露的 CN 表面,从而形成 EN／Co-bCN 光催化剂。该光催化剂具体合成方法也可见于本书的 4.2。此处不再赘述。

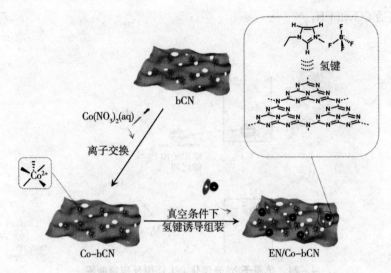

图 4 – 25 EN／Co – bCN 光催化剂的合成示意图

图 4 –26 为各样品的 X 射线衍射谱图。由该图可知,CN 在 13.1°和 27.3°
处有两个特征衍射峰,分别对应于平面内重复的三 – s – 三嗪单元(100)晶面和
层间堆叠(002)晶面。与 CN 相比,bCN 和 Co – bCN 没有出现氧化硼或 CoO 的
额外峰值,这表明氧化硼和 Co 物种在材料中高度分散。在 EN/Co – bCN 中,
CN 的峰值保持良好,表明引入 EN 并没有改变 CN 的晶体结构。

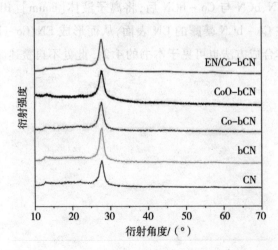

图 4 – 26 CN、bCN、Co – bCN、EN/Co – bCN 和 CoO – bCN 的 X 射线衍射谱图

由图 4 - 27 可知,引入 EN 和 Co 物种都不会影响光吸收。图 4 - 28 表明,bCN 与 CN 的吸附 - 脱附曲线形状基本一致。这意味着硼酸修饰对材料的吸附 - 脱附性能影响不大。由图 4 - 29 可知,材料的覆盖度或比表面积仅在负载 EN 后有所下降。

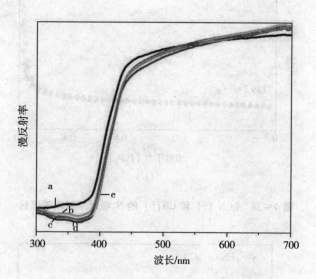

图 4 - 27　不同样品的紫外 - 可见漫反射光谱
CoO - bCN(a) ;bCN(b) ;Co - bCN(c) ;EN/Co - bCN(d) ;CN(e)

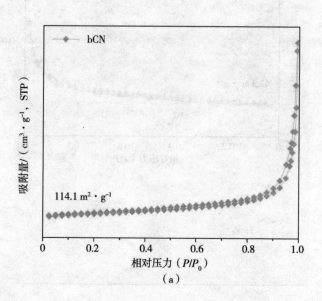

(a)

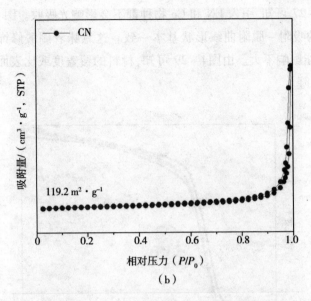

（b）

图 4 - 28　bCN（a）和 CN（b）的 N₂ 吸附 - 脱附等温线

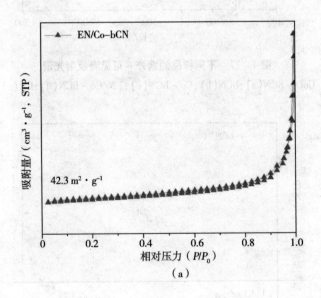

（a）

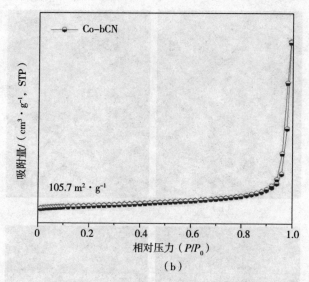

（b）

图4-29　EN/Co-bCN（a）和Co-bCN(b)的N₂吸附-脱附等温线

　　图4-30展示了EN/Co-bCN的TEM图及其相应元素的EDX扫描图,从中可以观察到Co物种和EN具有高度分散性。这表明它们在CN上分布均匀。

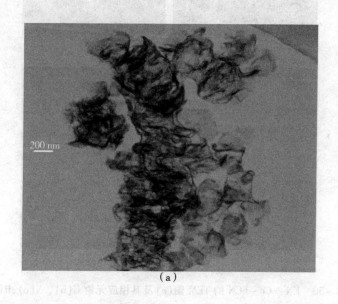

（a）

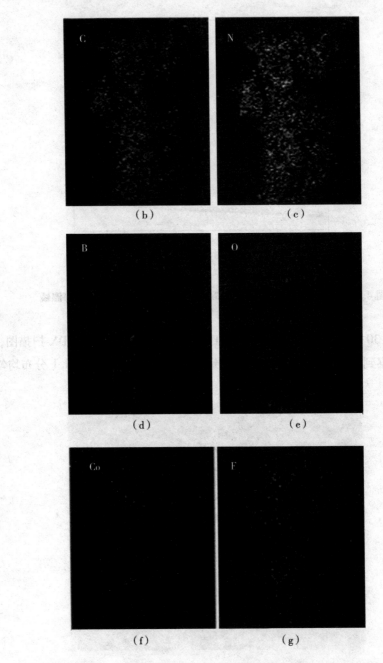

图 4 – 30　EN／Co – bCN 的 TEM 图(a)及其相应元素 C(b)、N(c)、B(d)、
O(e)、Co(f)、F(g)的 EDX 扫描图

　　图 4 -31 为 Co - bCN 高角环形暗场扫描图,该图可以揭示 Co 物种的具体分布情况,展示 Co 物种在 bCN 上具有原子分散性。

注:圆点表示单个 Co 原子

图 4 -31　Co - bCN 高角环形暗场扫描图

　　图 4 -32 为 Co K 边的归一化 XANES 谱,由图可知 Co - bCN 中单原子 Co 的氧化态为 +2。

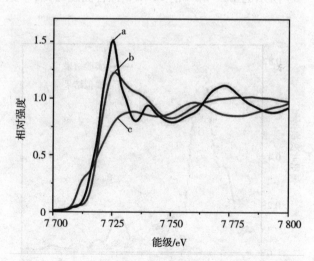

图 4 -32　不同样品在 Co K 边的归一化 XANES 谱

CoO(a);Co - bCN(b);Co 箔(c)

图 4 - 33 为 EXAFS 光谱的傅里叶变换谱图,由其可知 Co 物种是以单原子状态存在的,而不是金属 Co 的纳米颗粒或纳米簇。

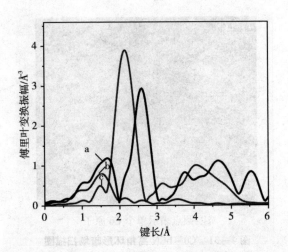

图 4 - 33   不同样品 K 边的 EXAFS 的傅里叶变换图

CoO(a);Co - bCN(b);Co 箔(c)

通过图 4 - 34 所示的 Co - bCN 的 EXAFS 拟合曲线可知,单原子 Co 的配位数为 5。

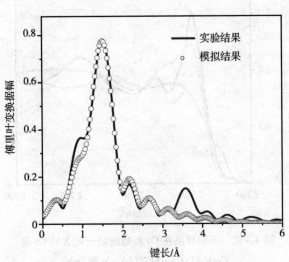

图 4 - 34   Co - bCN 的 EXAFS 拟合曲线

相应地,对单个 Co 位点的理论模型进行模拟,Co－bNC 模拟结构模型如图 4－35 所示。由该图可知,硼酸盐物种的 O 原子与水和羟基一起与单原子 Co 配位,形成了一个 5 配位的单原子 Co 位点,记为单个 Co(Ⅱ)—O_5 位点。

图 4－35　Co－bCN 的模拟结构模型

图 4－36 为 CN 和不同硼酸修饰量的 CN 样品对 CO_2 转化的光催化活性测试结果。由该图可知,在经过硼酸修饰后,CN 的光催化 CO_2 转化为 CO 和 CH_4 的性能均得到了改善。

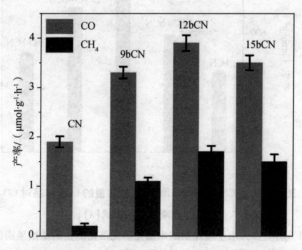

图 4－36　CN 和不同硼酸修饰量的 CN 样品对 CO_2 转化的光催化活性测试

与此对应的是,图 4-37(a)和图 4-37(b)中 bCN 样品在被修饰了单原子 Co 后,其光催化 CO_2 转化 CO 和 CH_4 的性能也得到了提升。同时,使用电子清除剂 $AgNO_3$ 的水氧化光催化活性也有所改善。这一过程中还产生了一定量的氢气,表明单原子 Co 具有产氢的潜力。在这些样品中,1.5Co-bCN 显示出最佳的光催化 CO_2 还原能力。

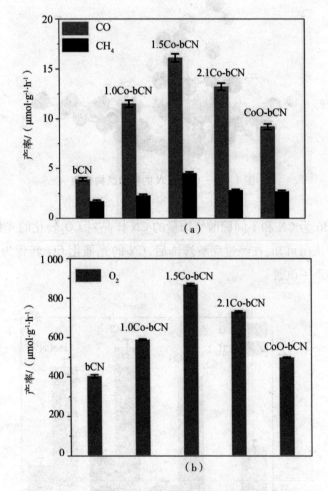

图 4-37　bCN 和不同单原子 Co 修饰量的 bCN 样品对 CO_2 转化的光催化活性测试(a);

用 $AgNO_3$ 作为电子清除剂的水氧化的光催化活性测试结果图(b)

将典型的 EN 液体 1 – 乙基 – 3 – 甲基咪唑四氟磷酸盐（[emim][PF₄]）、1 – 乙基 –3 – 甲基咪唑六氟磷酸盐（[emim][BF₆]）、1 – 丁基 – 3 – 甲基咪唑四氟硼酸盐（[bmim][BF₄]）和1 – 乙基 –3 – 甲基咪唑双(三氟甲基)磺酰亚胺盐（[emim][NTF₂]）负载到 bCN 上，得到了一系列 EN 修饰的 bCN。这些咪唑离子的化学结构见图 4 – 38。

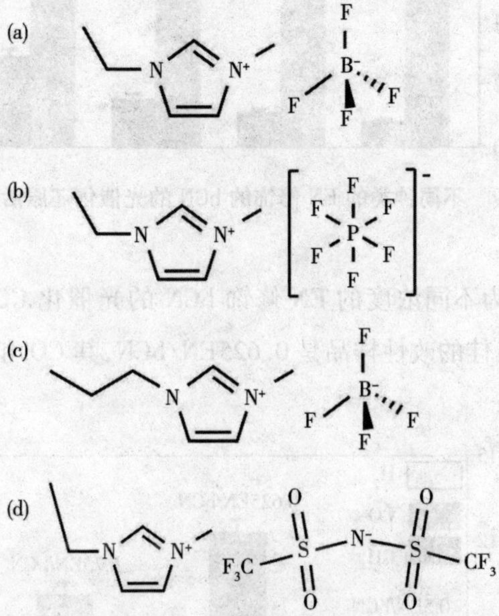

图 4 – 38　不同 EN 的化学结构

1 – 乙基 – 3 – 甲基咪唑四氟硼酸盐（[emim][BF₄]）(a)；

1 – 乙基 – 3 – 甲基咪唑六氟磷酸盐（[emim][PF₆]）(b)；

1 – 丁基 – 3 – 甲基咪唑四氟硼酸盐（[bmim][BF₄]）(c)；

1 – 乙基 –3 – 甲基咪唑双(三氟甲基)磺酰亚胺盐（[emim][NTF₂]）(d)

图 4 – 39 展示了不同种类的 EN 修饰的 bCN 的光催化还原活性测试结果。由图可知，所有样品的光催化 CO_2 还原活性相对 bCN（见图 4 – 37）都有很大提高，$emim – BF_4/bCN$ 的光催化 CO_2 还原活性提高程度最大。

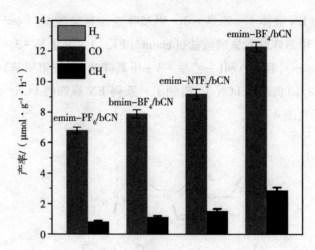

图 4-39　不同种类的 EN 修饰的 bCN 的光催化还原活性测试

图 4-40 所示为不同浓度的 EN 修饰 bCN 的光催化 CO₂ 还原活性测试结果。由该图可知,最佳的改性样品是 0.625EN/bCN,其 CO 和 CH₄ 产率最高。

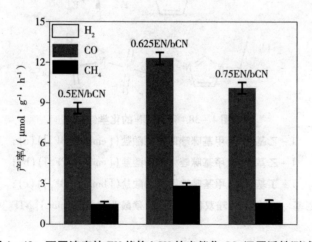

图 4-40　不同浓度的 EN 修饰 bCN 的光催化 CO₂ 还原活性测试

接下来,对 Co-bCN 进行一系列不同浓度的 EN 改性实验,可得到一系列共改性样品。图 4-41 为不同浓度的 EN 修饰 1.5Co-bCN 的光催化 CO₂ 还原活性测试结果。由该图可知,不同样品中,0.625EN/Co-bCN 的 CO 和 CH₄ 产率最高,并且没有观察到析氢反应。

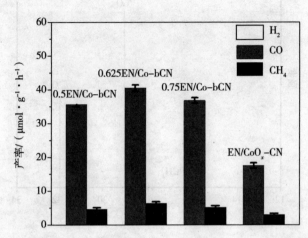

图 4 – 41　不同浓度的 EN 修饰 1.5Co – bCN 的光催化 CO_2 还原活性测试

　　为了验证还原产物来源于 CO_2 ,研究人员在 EN/Co – bCN 上进行[13]C 标记的光催化 CO_2 还原测试。图 4 – 42 为 EN/Co – bCN 在光催化 CO_2 还原过程中的同位素测试,由该图可观察到[13]CO(m/z = 29)的主峰和[13]CH_4(m/z = 17)的小峰,这证明 EN/Co – bCN 上生成的 CO 和 CH_4 确实来源于光催化 CO_2 还原。

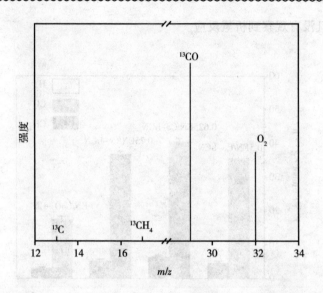

图 4 - 42 EN/Co – bCN 在光催化 CO_2 还原过程中的同位素测试

进行四次连续的循环实验,由图 4 - 43 所示的 EN/Co – bCN 光催化 CO_2 还原的循环测试结果可知,每次循环的光催化 CO_2 还原活性几乎没有降低。

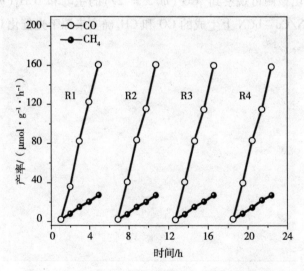

图 4 - 43 EN/Co – bCN 光催化 CO_2 还原的循环测试

为了进一步区分 EN 和单原子 Co 对 bCN 的电荷载流子的单独调制特征,

对 bCN、EN／bCN 和 Co－bCN 进行了气氛控制表面光电压谱测试。

图4－44 为不同气氛（N₂、O₂、空气）中不同样品的表面光电压谱响应。如图4－44（a）所示，由于 bCN 电荷分离能力较差，所以在 N₂ 气氛中仅检测到了微弱的 bCN 的稳态表面光电压信号。由图4－44（b）可知，EN/bCN 的信号在 O₂、空气、N₂ 气氛中依次递减，说明 O₂ 有助于电荷分离。由于 O₂ 是一种电子清除剂，因此可以推测 EN 能够吸引光生电子，从而促进电荷分离。由图4－44（c）可知，对于 Co－bCN，其信号在 O₂、空气、N₂ 气氛中依次递增。与 EN/bCN 不同，O₂ 在这里表现出负效应。这可能意味着单原子 Co 在光催化过程中更倾向于捕获空穴而不是电子，从而促进电荷分离，

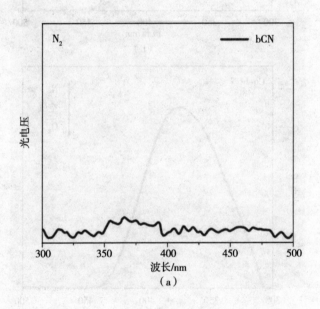

（a）

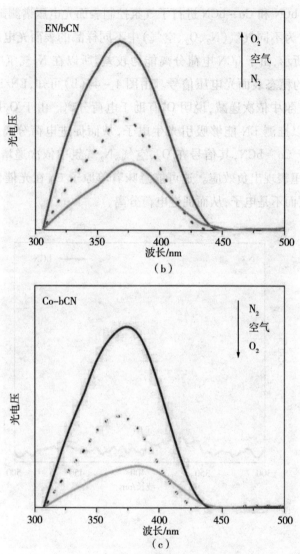

图4-44　不同气氛中不同样品的表面光电压谱响应

bCN(a);EN/bCN(b) ; Co-bCN (c)

图4-45 为不同样品的 DMPO-·OH 自旋加合物的电子顺磁共振谱。由该图可知,EN/Co-bCN 样品具有最高的 DMPO-·OH 信号强度,这表明修饰单原子 Co 位点或 EN 位点均可促进 bCN 的电荷分离。更重要的是,共修饰的 EN/Co-bCN 促进电荷分离的效果最好。这一点在图4-46 所示的不同样品的

荧光光谱中也得到了支持。

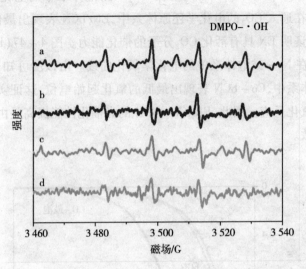

图 4 – 45　不同样品的 DMPO – ·OH 自旋加合物的电子顺磁共振谱

EN/Co – bCN(a);Co – bCN(b);EN/bCN(c);bCN(d)

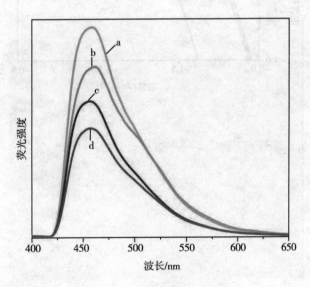

图 4 – 46　不同样品的荧光光谱

bCN(a);EN – bCN(b);Co – bCN(c);EN/Co – bCN(d)

通过收集电化学还原/氧化曲线,可以研究 EN 和单原子 Co 的催化功能。图 4-47(a)为 CN、bCN 和 EN/bCN 在 CO_2-鼓泡体系中的电化学还原曲线。由该图可知,在通入 CO_2 的电化学还原体系中,EN/bCN 表现出最低的 CO_2 还原起始电位,这证明 EN 具有活化 CO_2 分子的催化能力。图 4-47(b)为 CN、bCN 和 Co-bCN 在 N_2-鼓泡体系中的电化学氧化曲线。由该图可知,在通入 N_2 的电化学氧化体系中,Co-bCN 表现出最低的氧化起始电位,这证实了单原子 Co 可以催化水氧化反应。因此,EN/Co-bCN 的光催化性能提高是由 EN 和 Co 的协同作用所致。

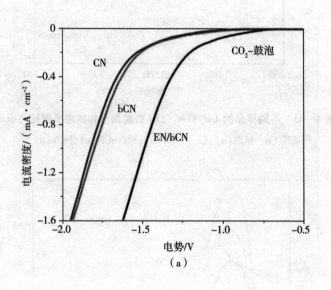

（a）

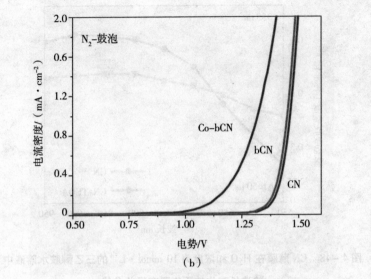

（b）

图 4 – 47 EN 和单原子 Co 的作用

CN、bCN 和 EN/bCN 在 CO₂ – 鼓泡体系中的电化学还原曲线(a)；

CN、bCN 和 Co – bCN 在 N₂ – 鼓泡体系中的电化学氧化曲线(b)

为了深入了解 EN/Co – bCN 的光催化反应机理,采用原位瞬态吸收光谱 (μs – TAS)研究电荷的动力学。在整个可见近红外区域,CN 的正的 TAS 信号主要归因于光激发电子,而空穴对 TAS 信号的贡献可忽略不计。因此,直接监测 CN 的电子动力学是可行的,但也可以通过检测电子信号来间接观察空穴转移。为了验证电子指纹区,加入高效空穴捕获剂三乙醇胺,测量 CN 的波长依赖于检测 TAS 信号。

图 4 – 48 为 CN 薄膜在 H_2O 和浓度为 10 mmol·L^{-1} 的三乙醇胺水溶液中随波长变化的原位瞬态吸收曲线。考虑到 TAS 信号强度随波长增加而提高,选择 900 nm 作为电子的指纹图谱检测波长。

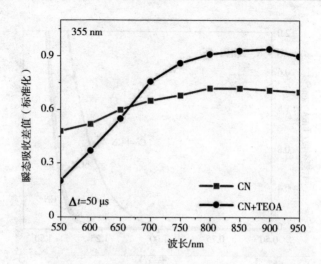

图 4 – 48　CN 薄膜在 H_2O 和浓度为 10 mmol·L^{-1} 的三乙醇胺水溶液中随波长变化的原位瞬态吸收曲线

此外,通过 TAS 动力学实验,分析 bCN、Co – bCN 和 EN/bCN 在 N_2/ H_2O 蒸气混合气体中的假定幂律衰减曲线[ITAS $\propto$ ($t-t_0$) $-\beta$]所示,由图 4 – 49(a) 可发现在 355 nm 脉冲激光激发与 900 nm 监测条件下,EN/bCN 的电子转移动力学有所增强,而 Co – bCN 的电子寿命更长。由此可以推断空穴被单原子 Co 有效捕获。这一发现验证了 EN/Co – bCN 中 EN 和单原子 Co 之间的电荷调控机制。又根据 TAS 动力学理论计算,可获得 EN/Co – bCN 在 N_2/ H_2O 蒸气混合气体或 CO_2/ H_2O 蒸气混合气体中的原位瞬态吸收光谱,如图 4 – 49(b) 所示,在 355 nm 脉冲激光激发与 900 nm 监测条件下,bCN 的最大电子转移效率 (η_{ET})低至 0.7% ,这表明 CO_2 很难从 bCN 中捕获电子。然而,在 CO_2 存在的情况下,EN/bCN 的 TAS 衰减明显变快,t_{50} 为 16.5μs,这表明 EN 可为 CO_2 捕获电子提供通道,是 CO_2 还原的良好催化活化位点。单原子 Co 修饰后,虽然电子寿命延长了,但其 ET 仍然有限,仅为 3.2% 。相比之下, EN/Co – bCN 的 η_{ET} 达到 35.3% ,远大于未修饰 CN 的 0.3% 。因此,可推断 EN/Co – bCN 的光活性增强主要归因于 EN 基于单原子 Co 的捕获空穴能力,从而延长了电子寿命,并贡献了高 η_{ET}。

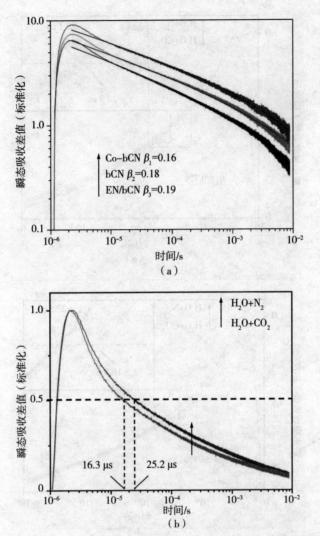

图 4 - 49　355 nm 脉冲激光激发和 900 nm 监测的不同气体环境中 bCN、
Co - bCN 和 EN/bCN 在 N_2/ H_2O 蒸气混合气体中的假定幂律衰减曲线(a);
355 nm 脉冲激光激发和 900 nm 监测的不同气体环境中 EN/Co - bCN 在 N_2/ H_2O
蒸气混合气体或 CO_2/ H_2O 蒸气混合气体中的原位瞬态吸收谱图(b)

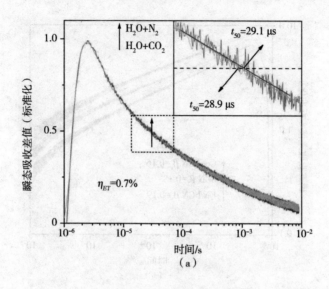

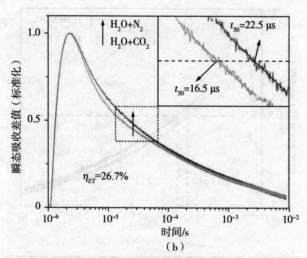

图 4 - 50　不同样品在 355 nm 脉冲激光激发和 900 nm 监测的不同气体环境中的
原位瞬态吸收谱图
bCN(a);EN∕bCN(b)

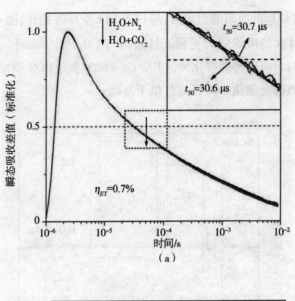

（a）

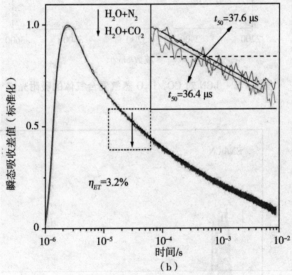

（b）

图 4 - 51　CN（a）和 Co - bCN（b）在 355 nm 脉冲激光激发和 900 nm 监测的
不同气体环境中的原位瞬态吸收谱图

为了揭示光催化反应机理,特别是催化还原过程,我们通过原位红外光谱
测试了光催化剂对反应物的吸附情况。图 4 - 52 为 bCN 对 CO_2/H_2O 蒸气混合
气体的吸附光谱。从图中可以发现,与 bCN 或 Co - bCN 相比,图4 - 53（a）所示

的 EN/bCN 对 CO_2 的吸附能力更强;与 bCN 和 EN/bCN 相比,图 4 - 53(b)所示的 Co - bCN 对水的吸附能力更强。这是因为 CO_2 与[emim]$^+$ 的结合能力较强。因此,同时具有两种助催化剂的 EN/Co - bCN 显示出对 CO_2 和水更强的吸附能力,为高效的光催化 CO_2 还原提供了基础。

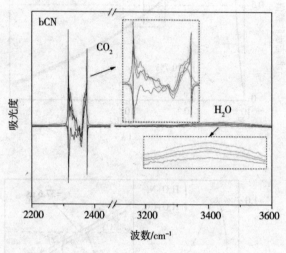

图 4 - 52 bCN 对 CO_2/H_2O 蒸气混合气体的吸附光谱

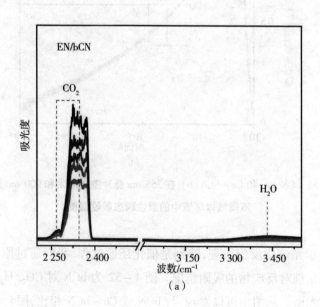

(a)

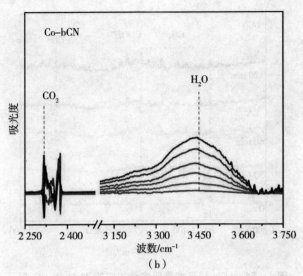

图 4 - 53　CO_2／H_2O 蒸气混合气体分别在 EN/bCN(a)
和 Co - bCN(b)上暗态吸附的原位红外光谱

此外,为了检测参与 EN/Co - bCN 光催化 CO_2 还原的中间产物,可在反应条件下对典型样品进行原位红外光谱测量。由图 4 - 54 可知,bCN 样品在黑暗条件下吸附 H_2O 和 CO_2 后在光照 120 min 条件下的原位红外光谱显示 bCN 的红外峰强度随光照时间延长的变化较小,这表明其对 CO_2 还原的光催化活性较弱。图 4 - 55 和图 4 - 56 分别为 EN/bCN 和 Co - bCN 在黑暗条件下吸附 H_2O 和 CO_2 后,在光照 120 min 条件下的原位红外光谱。由此二图可知,这两个单独改性样品最显著的区别在于:EN 参与时,作为 CO_2 还原关键中间体的 $COOH^*$ 的峰强度提高。另外,图 4 - 57 为 EN/Co - bCN 样品在黑暗条件下吸附 H_2O 和 CO_2 后在光照 120 min 条件下的原位红外光谱。从中可检测到一些中间产物,如 CHO^*、CO_3^{2-}、HCO_3^* 和 $COOH^*$。它们均与光催化 CO_2 还原过程相关。在相同的时间内,EN/Co - bCN 相比于所有样品,在 HCO_3^*、CO_3^{2-} 和 $COOH^*$ 处存在的峰面积最大,这证明了 EN 和单原子 Co 共修饰的 CN 在光催化 CO_2 还原方面有显著优势。

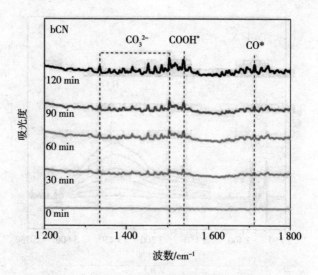

**图 4 - 54　bCN 样品在黑暗条件下吸附 H_2O 和 CO_2 后
在光照 120 min 条件下的原位红外光谱**

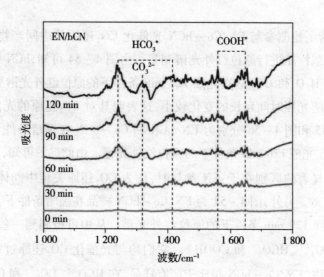

**图 4 - 55　EN/bCN 样品在黑暗条件下吸附 H_2O 和 CO_2后在光照 120 min 条件下的
原位红外光谱**

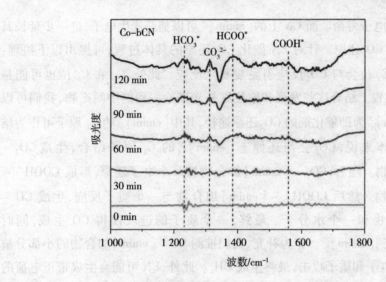

图 4-56 Co-bCN 样品在黑暗条件下吸附 H_2O 和 CO_2 后在光照 120 min 条件下的原位红外光谱

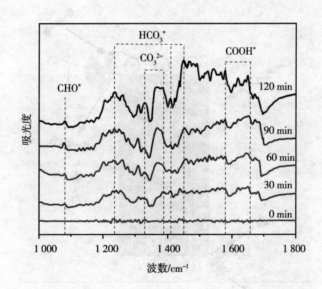

图 4-57 EN/Co-bCN 样品在黑暗条件下吸附 H_2O 和 CO_2 后在光照 120 min 条件下的原位红外光谱

基于以上结果和分析,可以提出图 4-58 所示的 EN/Co-bCN 光催化 CO_2 还原的可能机理图。在紫外可见光照射下,单原子 Co 会捕获空穴并催化水氧化,从而延长电子寿命。而 CN 上的[emim]⁺可以捕获光生电子,进一步延长其寿命,并催化 CO_2 还原。针对 EN 催化 CO_2 还原的具体过程,可提出以下机理:[emim]⁺的 C_2 位会与 CO_2 反应引发羧基化反应。此外,C_4 和 C_5 位也可能是 CO_2 的结合位置。结合这些发现和原位红外光谱检测到的中间产物,我们可以说明以[emim]⁺为助催化剂的 CO_2 还原途径,其中[emim]⁺的 C_2 原子可作为结合位置。具体来说,CO_2 会与还原态[emim]⁺的 C_2 原子结合,生成 CO_2 –[emim]加合物。随后,CO_2 –[emim]加合物被一个电子还原,形成 COOH* –[emim]加合物。然后 COOH* –[emim]加合物与一个质子反应,生成 CO –[emim]加合物和一个水分子。最终,一个质子的进攻使得 CO 生成,同时[emim]恢复到[emim]⁺。作为补充,我们推测 CO –[emim]加合物的小部分被连续的多个电子和质子攻击,最终生成 CH_4。此外,EN 可能会生成带正电荷的界面层来排斥质子,从而抑制产氢。

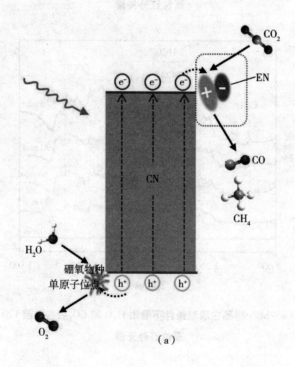

(a)

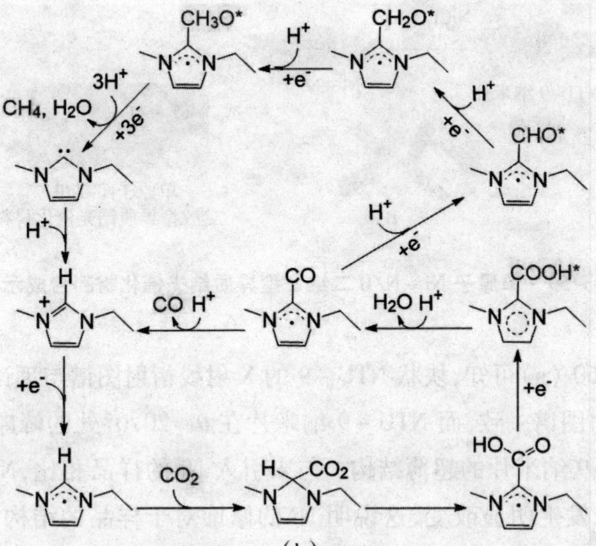

图 4 - 58　EN/Co - bCN 在紫外可见光照射下光催化 CO_2 还原的
流程示意图(a)与机理图(b)

4.3.4　单原子 Ni 修饰二维 Z 型异质结构的构建及光催化性能研究

NTU - 9 是一种由 Ti^{4+} 和 2,5 - 二羟基对苯二甲酸组装得到的层状 MOF。其独特的含有钛氧金属氧簇的杯状结构能够锚定单原子位点。图 4 - 59 为单原子 Ni - N/B 异质结光催化材料合成示意图。其详细的制备方法可见于 4.2.1.6。此处不再赘述。

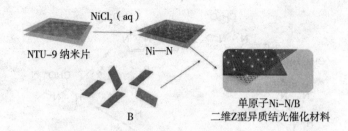

图 4 – 59　单原子 Ni – N/B 二维 Z 型异质结光催化材料合成示意图

　　由图 4 – 60（a）可知，块状 NTU – 9 的 X 射线衍射图谱与理论模拟 NTU – 9 的 X 射线衍射图谱一致，而 NTU – 9 纳米片在 $\theta \approx 20.0°$ 处的峰略微变宽，这可归因于 NTU – 9 纳米片的超薄结构。与未引入 Ni 的样品相比，Ni – NTU – 9 的特征衍射峰未发生明显改变，这说明 Ni 的修饰对于样品的结构没有影响。结合图 4 – 60（c）可知，在 qN/B 和 pNi – qN/B 的 X 射线衍射图谱中，除了可以观察到 B 的特征峰之外，还可以观察到归属于 NTU – 9 的微小特征峰，这表明异质结构建成功。

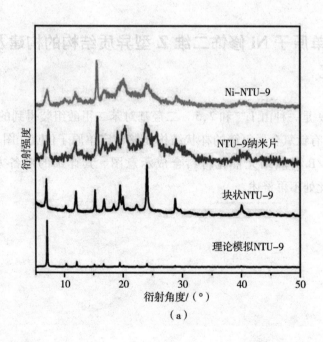

（a）

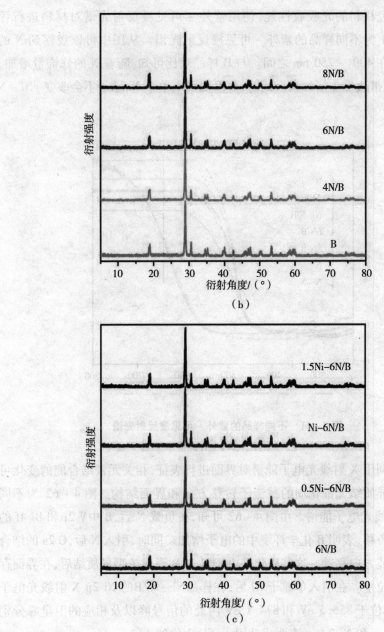

图 4 - 60　不同样品的 X 射线衍射图谱

Ni - NTU - 9、NTU - 9 纳米片、块状 NTU - 9、理论模拟 NTU - 9（a）；

B 和 qN∕B（b）；6N∕B 和 pNi - qN∕B（c）

为了研究材料的光吸收性能,使用紫外 – 可见漫反射光谱对材料进行评估。图 4 – 61 为不同样品的紫外 – 可见漫反射光谱。从图中可以观察到 N 的光吸收范围在 400 ~ 750 nm 之间。与 B 样品对比可知,随着 N 的修饰量增加,qN/B 的吸收带边发生了红移。同时,可发现引入单个 Ni 原子不会改变 yNi – N 的吸收带边。

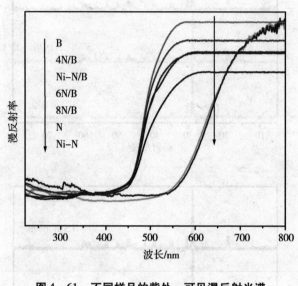

图 4 – 61   不同样品的紫外 – 可见漫反射光谱

进一步利用 X 射线光电子能谱对界面进行表征,相关元素结合能的变化可以直接反映异质结光催化剂的载流子转移方向和界面结构。图 4 – 62 为不同样品的 X 射线光电子能谱。由图 4 – 62 可知,在负载 N 后,B 中 V 2p 和 Bi 4f 的结合能发生负移,表明 B 化学环境中的电子增加。同时,引入 N 后,O 2s 的结合能向低结合能方向移动。这些变化是由于 N 和 B 形成 Z 型异质结后,在界面存在费米能级拉平。在引入单原子 Ni 后,在样品 Ni – N/B 的 Ni 2p X 射线光电子能谱谱图中,位于 856.5 eV 和 874.1 eV 两处的信号峰以及相应的卫星峰分别归属于 Ni $2p_{3/2}$ 和 Ni $2p_{1/2}$,表明成功引入了 +2 价的 Ni。

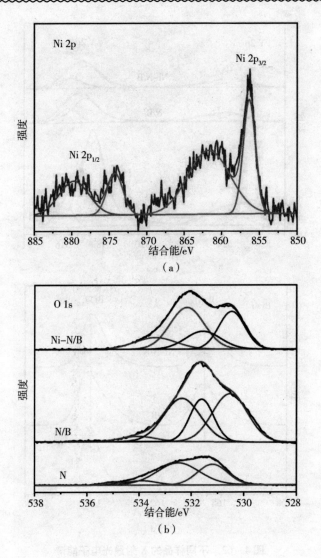

（a）

（b）

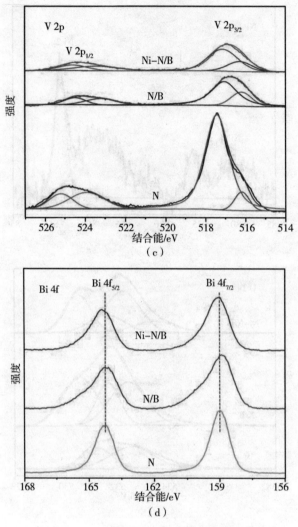

图 4-62　不同样品的 X 射线光电子能谱
Ni 2p(a);O 1s(b);V 2p(c);Bi 4f(d)

　　如图 4-63（a）和（b）的 TEM 图和 AFM 图显示,块状 NTU-9 经过超声剥离,成功得到厚度均匀的二维 NTU-9 纳米片,其平均尺寸为微米级,厚度大约为 1.2 nm。

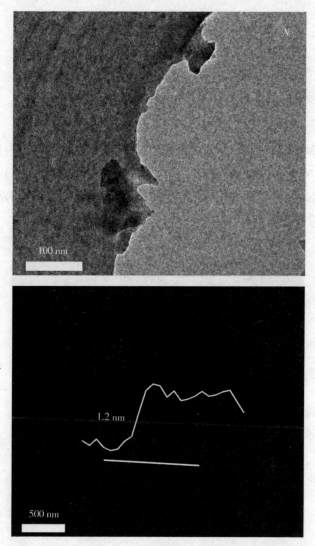

图 4 - 63 NTU - 9 的 TEM 图 (a)；NTU - 9 的 AFM 图像以及相应的厚度图(b)

理论计算双金属层 NTU - 9 晶体结构数据,如图 4 - 64 所示,其单金属层厚度约为 0.58 nm,结合 AFM 测试的结果分析可知,经过超声剥离后的二维 NTU - 9 纳米片为两个金属层结构。

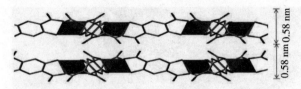

图 4 - 64　理论计算双金属层 NTU - 9 晶体结构

　　利用 TEM 和 AFM 研究了 Ni 修饰的 NTU - 9(Ni - N)的形貌,图 4 - 65(a) TEM 图表明 Ni - N 为纳米片层结构,且厚度均匀。图 4 - 65(b) AFM 图显示 Ni - N的厚度约为 1.2 nm,与 N 纳米片厚度一致,可见 Ni 的修饰对 NTU - 9 纳米片的厚度没有影响。

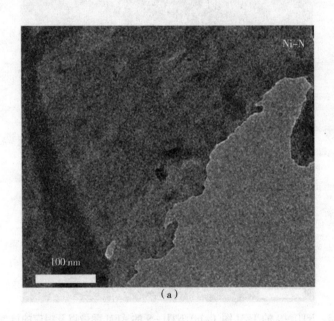

(a)

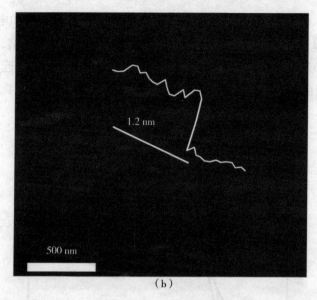

（b）

图 4-65　Ni-N 的 TEM 图像（a）和 AFM 图像及相应尺寸图（b）

图 4-66 为 Ni-N/B 异质结的高分辨透射电子显微镜图,在图中可以清楚地看到 N 和 B 形成了紧密的异质结,且没有 NiO 纳米粒子出现,说明 Ni 具有较好的分散性。

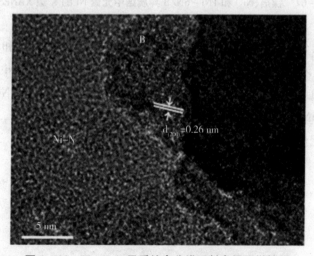

图 4-66　Ni-N/B 异质结高分辨透射电子显微镜图

　　为了深入研究 Ni 与 N 的连接方式以及 Ni 位点的几何结构和电子构型,我们深入分析镍箔、NiO 和 1Ni - 6N/B 中 Ni 元素的 K 边 XANES 谱,如图 4 - 67 所示,1Ni - 6N/B 异质结中 Ni 元素的吸收边与 NiO 非常接近,特别是在 8 347 eV附近的峰值,这可进一步证明 1Ni - 6N/B 中的 Ni 以 +2 价的形式存在。

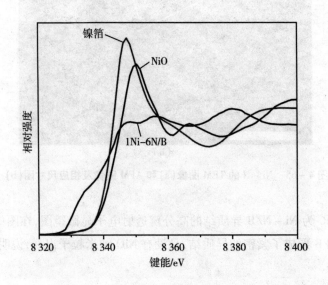

图 4 - 67　镍箔、NiO 和 1Ni - 6N/B 异质结中元素 Ni 的 K 边 XANES 谱

　　接着,我们分析 EXAFS 谱,如图 4 - 68 所示,与镍箔和 NiO 相比,1Ni - 6N/B中未出现镍箔中代表 Ni—Ni 相互作用的峰,这证明 Ni 物种以单原子的形式存在。键长约为 1.56 Å 处的主峰可归因于 Ni 原子和 Ni—O 键。另外,对 1Ni - 6N/B 中元素 Ni 的 K 边 EXAFS 进行曲线拟合分析,可得到关于 Ni²⁺ 位点的配位环境的详细信息,如图 4 -69 所示。

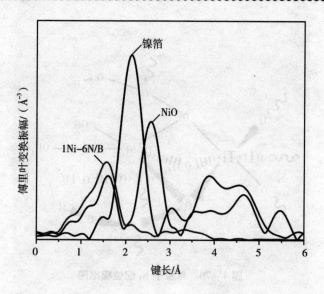

图 4 – 68　镍箔、NiO 和 1Ni – 6N/B 中元素 Ni 的 EXAFS 谱

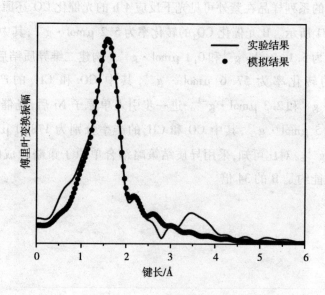

图 4 – 69　1Ni – 6N/B 中 Ni 元素的 EXAFS 谱及拟合曲线

利用 Material Studio 的 CASTEP 软件,基于 DFT 模式对单原子 Ni 的配位环境进行模拟计算,可确定 Ni 在 N 中的连接方式。如图 4 – 70 所示,Ni 与 N 中三个"杯"状的氧原子配位,并结合环境中的两个水分子,形成 Ni—O_5 配位的稳定结构。

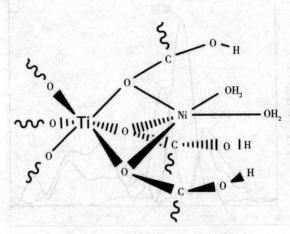

图 4 – 70 单原子 Ni 配位模拟图

所合成的系列样品在紫外可见光下反应 4 h 的光催化 CO_2 还原性能测试结果如图 4 – 71 所示。B 光催化 CO_2 的转化率为 5.2 $\mu mol \cdot g^{-1}$，其中 CO 和 CH_4 的产率分别为 5.1 $\mu mol \cdot g^{-1}$ 和 0.1 $\mu mol \cdot g^{-1}$。构建二维异质结后，N/B 的光催化 CO_2 的转化率为 57.6 $\mu mol \cdot g^{-1}$，其中 CO 和 CH_4 的产率分别为 55.3 $\mu mol \cdot g^{-1}$ 和 2.3 $\mu mol \cdot g^{-1}$。进一步引入单原子 Ni 后，光催化 CO_2 的转化率为 179.5 $\mu mol \cdot g^{-1}$，其中 CO 和 CH_4 的产率分别为 178.0 $\mu mol \cdot g^{-1}$ 和 1.5 $\mu mol \cdot g^{-1}$。对比可知，采用异质结策略结合单原子策略合成的 Ni – N/B 的光催化性能约是 B 的 34 倍。

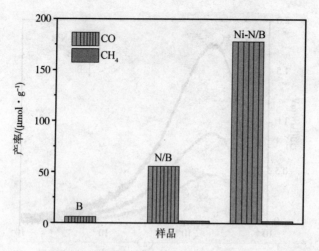

图 4 - 71　不同样品在紫外可见光下反应 4 h 的光催化 CO_2 还原性能

在确认单原子 Ni 的成功引入对光催化 CO_2 还原性能具有促进效果后,进一步探索了单原子 Ni 对材料性能的促进机理。如图 4 - 72 (a) 所示,瞬态表面光电压谱的信号强度按照 Ni - N/B 、N/B 、B 的顺序递减,这证实了构建异质结以及引入单原子 Ni 均可在不同程度上促进光生电荷分离。如图 4 - 72 (b) 的单波光电流作用谱所示,当 B 与 N 同时被激发时,光电流信号最强,结合 B 和 N 的能带结构,可判断 N/B 遵循 Z 型电荷转移机制。引入单原子 Ni 可进一步促进这种 Z 型电荷分离。由此可见,光生电荷分离规律与性能提升规律一致。

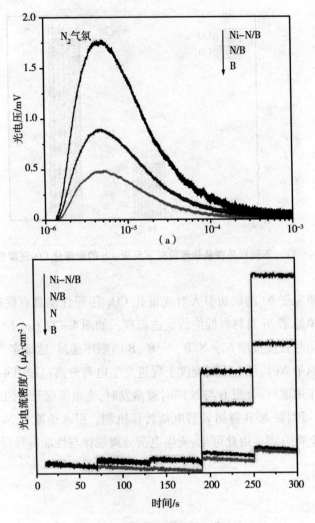

图 4-72 瞬态表面光电压谱（a）；
单波光电流作用谱(b)

此外,如图 4-73 所示,B 具有较大的电化学阻抗值。然而,在修饰 N 后,曲线弧度变大,这说明形成异质结可在一定程度上提升材料的电荷分离能力。在引入单原子 Ni 后,曲线弧度进一步增大,这证明引入单原子 Ni 可进一步促进 Z 型异质结电荷转移。

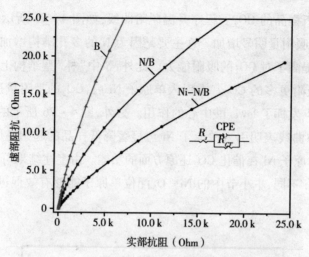

图4-73 B、N/B和Ni-N/B电化学交流阻抗谱

为了深入探究单原子Ni的催化功能,可获取暗态下通入CO_2/H_2O蒸气混合气体时,各样品的红外光谱。如图4-74所示,2 300～2 400 cm^{-1}范围内出现的红外峰应归属为CO_2的吸附。值得注意的是,B本身对CO_2吸附较弱。随着N引入,在N/B上,1 500～1 700 cm^{-1}区间内出现了新的吸附峰。引入单原子Ni后,CO_2的吸附峰强度明显提高。

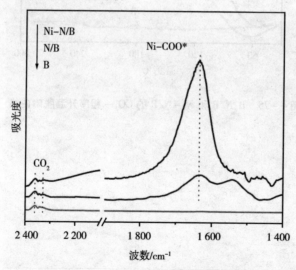

图4-74 不同样品在暗态下通入CO_2/H_2O蒸气混合气体时的红外光谱

同时,分析样品的 CO_2 – 程序升温脱附曲线,如图 4 – 75 所示,与 B 相比,N/B 对 CO_2 的吸附量明显增加。这主要是因为 N 的多孔结构增加了材料的比表面积,进而提高了对 CO_2 的吸附能力。此外,N 中"杯"型结构上的羧基也可以通过羟基吸附更多的 CO_2。在引入单原子 Ni 后,CO_2 的吸附量进一步增加,推测是 Ni 位点发挥了 lewis 酸中心的作用。另外,图 4 – 76 所示的 CO_2 气氛中的电化学还原曲线表明引入单原子 Ni 可显著降低样品的起始还原电位,这进一步证实了单原子 Ni 在催化 CO_2 还原方面的功能。由上述结果可知,与 4.3.1 中的单原子 Ni 不同,本小节中的 Ni—O_5 配位单原子能够有效促进 CO_2 吸附和催化还原。

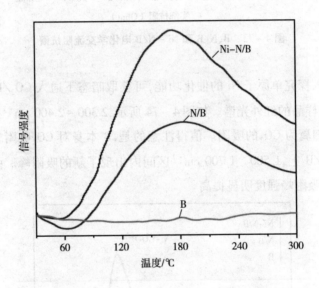

图 4 – 75　B、N/B 和 Ni – N/B 的 CO_2 – 程序升温脱附曲线

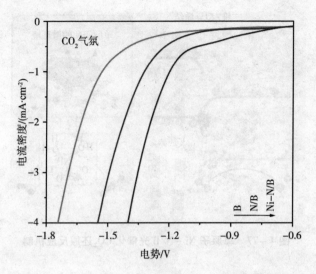

图 4 - 76　不同样品在 CO_2 气氛中的电化学还原曲线

　　根据上述结论,可以总结 Ni - N/B 光催化 CO_2 还原反应机制,如图 4 - 77所示。在光照条件下,N 和 B 双双被激发,B 的导带电子与 N 的空穴复合,即光生电子从 B 转移至 N 后,又进一步转移到单原子 Ni,从而促进电荷的有效分离和转移。基于良好的电荷分离,B 上的空穴进一步氧化水生成 O_2,而转移至单原子 Ni 的光生电子则可引发所吸附的 CO_2 的还原催化过程,从而综合实现高效、高选择性的光催化 CO_2 还原。

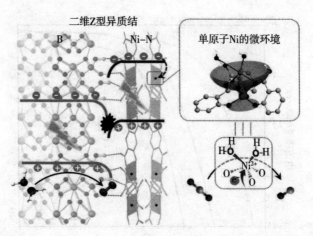

图 4 – 77　单原子 Ni – N/B 光催化 CO_2 还原反应机制

4.4　本章小结

本章成功提出了"自下而上"的氧簇锚定单原子 Ni 构建策略,用于改善异质结体系的光催 CO_2 还原性能,并对单原子 – 性能间的构效关系及反应过程机制进行了深入研究。

一方面,利用 B—N 弱配位作用可在 CN 表面修饰高分散硼氧团簇,并通过离子交换成功实现单原子 Ni 的锚定。同步辐射测试结合理论计算模拟确认了独特的 Ni（Ⅱ）—O_6 单原子构型。瞬态吸收光谱等结果证明单原子 Ni 能够有效捕获光生电子。更重要的是,X 射线光电子能谱及同位素实验证明了单原子 Ni 配位能够选择性活化 H_2O 分子得到氢自由基,间接引发非常规的 CO_2 还原反应路径,从而实现了光催化性能大幅提升。

另一方面,对于 NTU – 9/$BiVO_4$ 所构建的 Z 型异质结,成功利用还原物半导体材料 NTU – 9 中含有的钛氧团簇微结构锚定了单原子 Ni。同步辐射测试结合理论计算模拟确认了 Ni（Ⅱ）—O_5 单原子构型。通过时间分辨光谱等技术证明 B 与 Ni – N 之间遵循 Z 型电荷转移机制,光生电子由 B 转移至 N,再进一步转移到单原子 Ni,异质结具有良好的光生电荷分离性能。吸附光谱等证明 NTU – 9 中的杯状微结构中钛氧锚定的单原子 Ni 位点能够吸附 CO_2 并促进其进行催化反应。

参考文献

［1］CORTRIGHT R D, DAVDA R R, DUMESIC J A. Hydrogen from catalytic reforming of biomass – derived hydrocarbons in liquid water［J］. Nature, 2002, 418(6901): 964 – 967.

［2］FUJISHIMA A, HONDA K. Electrochemical photolysis of water at a semiconductor electrode［J］. Nature, 1972, 238(5358): 37 – 38.

［3］LIU G G, WANG T, ZHANG H B, et al. Nature – inspired environmental "phosphorylation" boosts photocatalytic H_2 production over carbon nitride nanosheets under visible – light irradiation［J］. Angewandte Chemie International Edition, 2015, 54(46): 13561 – 13565.

［4］SHI H, HE Y, LI Y B, et al. Unraveling the synergy mechanism between photocatalysis and peroxymonosulfate activation on a Co/Fe bimetal – doped carbon nitride［J］. ACS Catalysis, 2023, 13(13): 8973 – 8986.

［5］MARZO L, PAGIRE S K, REISER O, et al. Visible – light photocatalysis: does it make a difference in organic synthesis［J］. Angewandte Chemie International Edition, 2018, 57(32): 10034 – 10072.

［6］SUN Z Y, TALREJA N, TAO H C, et al. Catalysis of carbon dioxide photoreduction on nanosheets: fundamentals and challenges［J］. Angewandte Chemie International Edition, 2018, 57(26): 7610 – 7627.

［7］CHEN J Z, WU X J, YIN L S, et al. One – pot synthesis of CdS nanocrystals hybridized with single – layer transition – metal dichalcogenide nanosheets for efficient photocatalytic hydrogen evolution［J］. Angewandte Chemie International Edition, 2015, 54(4): 1210 – 1214.

［8］CAO S W, LOW J X, YU J G, et al. Polymeric photocatalysts based on graphitic carbon nitride［J］. Advance Materials, 2015, 27(13): 2150 – 2176.

［9］HUANG Y C, GUO Z J, LIU H, et al. Heterojunction architecture of N – doped WO_3 nanobundles with Ce_2S_3 nanodots hybridized on a carbon textile enables a highly efficient flexible photocatalyst［J］. Advance Functional Materials, 2019, 29(45): 1903490.

［10］LI H, LI J, AI Z H, et al. Oxygen vacancy – mediated photocatalysis of BiOCl: reactivity, selectivity, and perspectives［J］. Angewandte Chemie

International Edition, 2018, 57(1): 122 –138.

[11] TAKATA T, JIANG J Z, SAKATA Y, et al. Photocatalytic water splitting with a quantum efficiency of almost unity [J]. Nature, 2020, 581 (7809): 411 –414.

[12] SHAN B, VANKA S, LI T T, et al. Binary molecular – semiconductor p – n junctions for photoelectrocatalytic CO_2 reduction[J]. Nature Energy, 2019, 4 (4): 290 –299.

[13] SUN X D, JIANG S Y, HUANG H W, et al. Solar energy catalysis[J]. Angewandte Chemie International Edition, 2022, 61(29): e202204880.

[14] FAN H T, WU Z, LIU K C, et al. Fabrication of 3D CuS @ $ZnIn_2S_4$ hierarchical nanocages with 2D/2D nanosheet subunits p – n heterojunctions for improved photocatalytic hydrogen evolution [J]. Chemical Engineering Journal, 2022, 433(1): 134474.

[15] KAMAT P V. Manipulation of charge transfer across semiconductor interface. a criterion that cannot be ignored in photocatalyst design[J]. The Journal of Physical Chemistry Letters, 2012, 3(5): 663 –672.

[16] XUE W J, HUANG D L, WEN X J, et al. Silver – based semiconductor Z – scheme photocatalytic systems for environmental purification[J]. Journal of Hazardous Materials, 2020, 390: 122128.

[17] SINGH S, FARAZ M, KHARE N. Recent advances in semiconductor – graphene and semiconductor – ferroelectric/ferromagnetic nanoheterostructures for efficient hydrogen generation and environmental remediation [J]. ACS Omega, 2020, 5(21): 11874 –11882.

[18] ALZAHRANI K A, MOHAMED R M, ISMAIL A A. Enhanced visible light response of heterostructured Cr_2O_3 incorporated two – dimensional mesoporous TiO_2 framework for H_2 evolution[J]. Ceramics International, 2021, 47(15): 21293 –21302.

[19] KOSCO J, BIDWELL M, CHA H, et al. Enhanced photocatalytic hydrogen evolution from organic semiconductor heterojunction nanoparticles[J]. Nature Materials, 2020, 19(5): 559 –565.

[20]LU X Y, XIE J, CHEN X B, et al. Engineering MP_x (M = Fe, Co or Ni) interface electron transfer channels for boosting photocatalytic H_2 evolution over g − C_3N_4/MoS_2 layered heterojunctions [J]. Applied Catalysis B: Environmental, 2019, 252: 250 − 259.

[21] SRIVASTAVA V, ZARE E N, MAKVANDI P, et al. Cytotoxic aquatic pollutants and their removal by nanocomposite − based sorbents [J]. Chemosphere, 2020, 258: 127324.

[22] KLIMONDA A, KOWALSKA I. Membrane technology for the treatment of industrial wastewater containing cationic surfactants[J]. Water Resources and Industry, 2021, 26, 100157.

[23]ZARE E N, IFTEKHAR S, PARK Y, et al. An overview on non − spherical semiconductors for heterogeneous photocatalytic degradation of organic water contaminants[J]. Chemosphere, 2021, 280: 130907.

[24]WAI N C W, RAFA T, LIN C J. Effects of atmospheric CO_2 concentration on soil − water retention and induced suction in vegetated soil[J]. Engineering Geology, 2018, 242: 108 − 120.

[25]RAN L S, BUTMAN D E, BATTIN T J, et al. Substantial decrease in CO_2 emissions from Chinese inland waters due to global change [J]. Nature Communications, 2021, 12(1): 1730.

[26]秦大河, STOCKER T. IPCC 第五次评估报告第一工作组报告的亮点评论 [J]. 气候变化研究进展, 2014, 10(1): 1 − 6.

[27] SOLAZZO E, CRIPPA M, GUIZZARDI D, et al. Uncertainties in the Emissions Database for Global Atmospheric Research (EDGAR) emission inventory of greenhouse gases[J]. Atmospheric Chemistry and Physics, 2021, 21(7): 5655 − 5683.

[28]LIU X Y, GAO W J, SUN P P, et al. Environmentally friendly high − energy MOFs: crystal structures, thermostability, insensitivity and remarkable detonation performances[J]. Green Chemistry, 2015, 17(2): 831 − 836.

[29]THOMAS A, NAIR P V, THOMAS K G. InP quantum dots: an environmentally friendly material with resonance energy transfer requisites[J].

The Journal of Physical Chemistry C, 2014, 118(7): 3838 – 3845.

[30] WU C Z, XIE W, ZHANG M, et al. Environmentally friendly γ – MnO_2 hexagon – based nanoarchitectures: structural understanding and their energy – saving applications [J]. Chemistry A European Journal, 2009, 15 (2): 492 – 500.

[31] LI X, YU J G, JARONIEC M, et al. Cocatalysts for selective photoreduction of CO_2 into solar fuels[J]. Chemical Reviews, 2019, 119(6): 3962 – 4179.

[32] HUANG Y M, DU P Y, SHI W X, et al. Filling COFs with bimetallic nanoclusters for CO_2 – to – alcohols conversion with H_2O oxidation [J]. Applied Catalysis B: Environmental, 2021, 288: 120001.

[33] GRÄTZEL M. Photoelectrochemical cells[J]. Nature, 2001, 414: 338 – 344.

[34] 李灿. 太阳能光催化制氢的科学机遇和挑战[J]. 光学与光电技术, 2013, 11(1): 1 – 6.

[35] PANG R, TERAMURA K, ASAKURA H, et al. Highly selective photocatalytic conversion of CO_2 by water over Ag – loaded $SrNb_2O_6$ nanorods [J]. Applied Catalysis B: Environmental, 2017, 218: 770 – 778.

[36] BIE C B, ZHU B C, XU F Y, et al. In situ grown monolayer n – doped graphene on CdS hollow spheres with seamless contact for photocatalytic CO_2 reduction[J]. Advanced Materials, 2019, 31(42): 1902868.

[37] SINGH C, MUKHOPADHYAY S, HOD I. Metal – organic framework derived nanomaterials for electrocatalysis: recent developments for CO_2 and N_2 reduction[J]. Nano Convergence, 2021, 8(1): 1.

[38] KONDRATENKO E V, MUL G, BALTRUSAITIS J, et al. Status and perspectives of CO_2 conversion into fuels and chemicals by catalytic, photocatalytic and electrocatalytic processes [J]. Energy & Environmental Science, 2013, 6(11): 3112 – 3135.

[39] CENTI G, PERATHONER S. Opportunities and prospects in the chemical recycling of carbon dioxide to fuels[J]. Catalysis Today, 2009, 148(3 – 4): 191 – 205.

[40] NING C J, WANG Z L, BAI S, et al. 650 nm – driven syngas evolution from

photocatalytic CO_2 reduction over Co – containing ternary layered double hydroxide nanosheets [J]. Chemical Engineering Journal, 2021, 412: 128362.

[41] JIAO X C, ZHENG K, LIANG L, et al. Fundamentals and challenges of ultrathin 2D photocatalysts in boosting CO_2 photoreduction [J]. Chemical Society Reviews, 2020, 49(18): 6592 – 6604.

[42] 施晶莹, 李灿. 太阳燃料:新一代绿色能源[J]. 科技导报, 2020, 38(23): 39 – 48.

[43] ZHAO M T, HUANG Y, PENG Y W, et al. Two – dimensional metal – organic framework nanosheets: synthesis and applications [J]. Chemical Society Reviews, 2018, 47(16): 6267 – 6295.

[44] LEE J H, KATTEL S, XIE Z H, et al. Understanding the role of functional groups in polymeric binder for electrochemical carbon dioxide reduction on gold nanoparticles[J]. Advanced Functional Materials, 2018, 28(45): 1804762.

[45] ZHANG W H, MOHAMED A R, ONG W J. Z – scheme photocatalytic systems for carbon dioxide reduction: where are we now? [J]. Angewandte Chemie International Edition, 2020, 59(51): 22894 – 22915.

[46] YANG H P, WU Y, LIN Q, et al. Composition tailoring via N and S Co – doping and structure tuning by constructing hierarchical pores: metal – free catalysts for high – performance electrochemical reduction of CO_2 [J]. Angewandte Chemie International Edition, 2018, 57(47): 15476 – 15480.

[47] HABISREUTINGER S N, SCHMIDT – MENDE L, STOLARCZYK J K. Photocatalytic reduction of CO_2 on TiO_2 and other semiconductors [J]. Angewandte Chemie International Edition, 2013, 52(29): 7372 – 7408.

[48] ROSS M B, DE LUNA P, LI Y F, et al. Designing materials for electrochemical carbon dioxide recycling[J]. Nature Catalysis, 2019, 2(8): 648 – 658.

[49] GHOUSSOUB M, XIA M Y, DUCHESNE P N, et al. Principles of photothermal gas – phase heterogeneous CO_2 catalysis [J]. Energy & Environmental Science, 2019, 12(4): 1122 – 1142.

[50] LI A, CAO Q, ZHOU G Y, et al. Three – phase photocatalysis for the enhanced selectivity and activity of CO_2 reduction on a hydrophobic surface [J]. Angewandte Chemie International Edition, 2019, 58 (41): 14549 – 14555.

[51] RAN J R, JARONIEC M, QIAO S Z. Cocatalysts in semiconductor – based photocatalytic CO_2 reduction: achievements, challenges, and opportunities [J]. Advanced Materials, 2018, 30(7): 1704649.

[52] LI K, PENG B S, PENG T Y. Recent advances in heterogeneous photocatalytic CO_2 conversion to solar fuels [J]. ACS Catalysis, 2016, 6 (11): 7485 – 7527.

[53] CORMA A, GARCIA H. Photocatalytic reduction of CO_2 for fuel production: possibilities and challenges [J]. Journal of Catalysis, 2013, 308: 168 – 175.

[54] NEMIWAL M, SUBBARAMAIAH V, ZHANG T C, et al. Recent advances in visible – light – driven carbon dioxide reduction by metal – organic frameworks [J]. Science of the Total Environment, 2021, 762: 144101.

[55] SATO S, ARAI T, MORIKAWA T. Toward solar – driven photocatalytic CO_2 reduction using water as an electron donor [J]. Inorganic Chemistry, 2015, 54 (11): 5105 – 5113.

[56] YAMAMOTO M, YOSHIDA T, YAMAMOTO N, et al. Photocatalytic reduction of CO_2 with water promoted by Ag clusters in Ag/Ga_2O_3 photocatalysts [J]. Journal of Materials Chemistry A, 2015, 3(32): 16810 – 16816.

[57] YIN G, NISHIKAWA M, NOSAKA Y, et al. Photocatalytic carbon dioxide reduction by copper oxide nanocluster – grafted niobate nanosheets [J]. ACS Nano, 2015, 9(2): 2111 – 2119.

[58] FU Q, SALTSBURG H, FLYTZANI – STEPHANOPOULOS M. Active nonmetallic Au and Pt species on ceria – based water – gas shift catalysts [J]. Science, 2003, 301(5635): 935 – 938.

[59] MOLINER M, GABAY J E, KLIEWER C E, et al. Reversible transformation of Pt nanoparticles into single atoms inside high – silica chabazite zeolite [J]. Journal of the American Chemical Society, 2016, 138(48): 15743 – 15750.

[60]WEI S J, LI A, LIU J C, et al. Direct observation of noble metal nanoparticles transforming to thermally stable single atoms [J]. Nature Nanotechnology, 2018, 13: 856 – 861.

[61]O'NEILL B J, JACKSON D H K, LEE J, et al. Catalyst design with atomic layer deposition[J]. ACS Catalysis, 2015, 5(3):1804 – 1825.

[62]PEI G X, LIU X Y, YANG X F, et al. Performance of Cu – alloyed Pd single – atom catalyst for semihydrogenation of acetylene under simulated front – end conditions[J]. ACS Catalysis, 2017, 7(2):1491 – 1500.

[63]CHENG N C, STAMBULA S, WANG D, et al. Platinum single – atom and cluster catalysis of the hydrogen evolution reaction [J]. Nature Communications, 2016, 7: 13638.

[64]ZHAI H C, ALEXANDROVA A N. Fluxionality of catalytic clusters: when it matters and how to address it[J]. ACS Catalysis, 2017, 7(3):1905 – 1911.

[65] LEE D H, LEE W J, LEE W J, et al. Theory, synthesis, and oxygen reduction catalysis of Fe – porphyrin – like carbon nanotube[J]. Physical Review Letters, 2011, 106: 175502.

[66]JIAO L, REGALBUTO J R. The synthesis of highly dispersed noble and base metals on silica via strong electrostatic adsorption: I. Amorphous silica. [J] Journal of Catalysis, 2008, 260(2):329 – 341.

[67]NIE L, MEI D H, XIONG H F, et al. Activation of surface lattice oxygen in single – atom Pt/CeO_2 for low – temperature CO oxidation[J]. Science, 2017, 358(6369): 1419 – 1423.

[68]LIU P X, ZHAO Y, QIN R X, et al. Photochemical route for synthesizing atomically dispersed palladium catalysts[J]. Science, 2016, 352(6287): 797 – 800.

[69] ARCEO E, MONTRONI E, MELCHIORRE P. Photo – organocatalysis of atom – transfer radical additions to alkenes [J]. Angewandte Chemie International Edition, 2014, 53(45):12064 – 12068.

[70]LIU L C, DÍAZ U, ARENAL R, et al. Generation of subnanometric platinum with high stability during transformation of a 2D zeolite into 3D[J]. Nature

Materials, 2017, 16: 132 – 138.

[71] WEI H H, HUANG K, WANG D, et al. Iced photochemical reduction to synthesize atomically dispersed metals by suppressing nanocrystal growth [J]. Nature Communications, 2017, 8: 1490.

[72] ZHAO Z L, BIAN J, ZHAO L N, et al. Construction of 2D Zn – MOF/$BiVO_4$ s – scheme heterojunction for efficient photocatalytic CO_2 conversion under visible light irradiation [J]. Chinese Journal of Catalysis, 2022, 43 (5): 1331 – 1340.

[73] CHU X Y, QU Y, ZADA A, et al. Ultrathin phosphate – modulated Co phthalocyanine/g – C_3N_4 heterojunction photocatalysts with single CO—N_4 (Ⅱ) sites for efficient O_2 activation [J]. Advanced Science, 2020, 7 (16): 2001543.

[74] CUI X J, LI H B, WANG Y, et al. Room – temperature methane conversion by graphene – confined single iron atoms [J]. Chem, 2018, 4 (8): 1902 – 1910.

[75] ZHANG L H, HAN L L, LIU H X, et al. Potential – cycling synthesis of single platinum atoms for efficient hydrogen evolution in neutral media [J]. Angewandte Chemie International Edition, 2017, 56 (44): 13694 – 13698.

[76] XUE Y R, HUANG B L, YI Y P, et al. Anchoring zero valence single atoms of nickel and iron on graphdiyne for hydrogen evolution [J]. Nature Communications, 2018, 9: 1460.

[77] HANSEN T W, DELARIVA A T, CHALLA S R, et al. Sintering of catalytic nanoparticles: particle migration or Ostwald ripening? [J]. Accounts of Chemical Research, 2013, 46 (8): 1720 – 1730.

[78] QIAO B T, WANG A Q, YANG X F, et al. Single – atom catalysis of CO oxidation using Pt_1/FeO_x [J]. Nature Chemistry, 2011, 3: 634 – 641.

[79] HUANG W X, ZHANG S R, TANG Y, et al. Low – temperature transformation of methane to methanol on Pd_1O_4 single sites anchored on the internal surface of microporous silicate [J]. Angewandte Chemie International Edition, 2016, 55 (43): 13441 – 13445.

[80]BULUSHEV D A, ZACHARSKA M, LISITSYN A S, et al. Single atoms of Pt – group metals stabilized by N – doped carbon nanofibers for efficient hydrogen production from formic acid [J]. ACS Catalysis, 2016, 6 (6): 3442 – 3451.

[81]CHOI C H, KIM M, KWON H C, et al. Tuning selectivity of electrochemical reactions by atomically dispersed platinum catalyst [J]. Nature Communications, 2016, 7: 10922.

[82]JONES J, XIONG H F, DELARIVA A T, et al. Thermally stable single – atom platinum – on – ceria catalysts via atom trapping [J]. Science, 2016, 353 (6295):150 – 154.

[83]DVOŘÁK F, CAMELLONE M F, TOVT A, et al. Creating single – atom Pt – ceria catalysts by surface step decoration[J]. Nature Communications, 2016, 7:10801.

[84]QIAO B T, LIU J X, WANG Y G, et al. Highly efficient catalysis of preferential oxidation of CO in H_2 – rich stream by gold single – atom catalysts [J]. ACS Catalysis ,2015, 5(11): 6249 – 6254.

[85]BLIEM R, PAVELEC J, GAMBA O, et al. Adsorption and incorporation of transition metals at the magnetite Fe_3O_4 (001) surface[J]. Physical Review B, 2015, 92: 075440.

[86]WANG Z M, HAO X F, GERHOLD S, et al. Stabilizing single Ni adatoms on a two – dimensional porous titania overlayer at the $SrTiO_3$ (110) surface[J]. The Journal of Physical Chemistry C, 2014, 118(34): 19904 – 19909.

[87]LI X G, BI W T, ZHANG L, et al. Single – atom Pt as Co – catalyst for enhanced photocatalytic H_2 evolution [J]. Advanced Materials, 2016, 28 (12): 2427 – 2431.

[88]VILÉ G, ALBANI D, NACHTEGAAL M, et al. A Stable single – site palladium catalyst for hydrogenations[J]. Angewandte Chemie International Edition, 2015, 54(38):11265 – 11269.

[89]CHEN Z, ZHANG Q, CHEN W X, et al. Single – site Au^I catalyst for silane oxidation with water[J]. Advanced Materials, 2018, 30(5): 1704720.

[90]LIU L C, CORMA A. Metal catalysts for heterogeneous catalysis: from single atoms to nanoclusters and nanoparticles[J]. Chemical Reviews, 2018, 118 (10): 4981 – 5079.

[91]LIN L L, ZHOU W, GAO R, et al. Low – temperature hydrogen production from water and methanol using Pt/α – MoC catalysts[J]. Nature, 2017, 544: 80 – 83.

[92]LIU J Y. Advanced electron microscopy of metal – support interactions in supported metal catalysts[J]. ChemCatChem, 2011, 3(6): 934 – 948.

[93]QIAO B T, WANG A Q, YANG X F, et al. Single – atom catalysis of CO oxidation using Pt_1/FeO_x[J]. Nature Chemistry, 2011, 3: 634 – 641.

[94]LIN J, WANG A Q, QIAO B T, et al. Remarkable performance of Ir_1/FeO_x single – atom catalyst in water gas shift reaction[J]. Journal of the American Chemical Society, 2013, 135(41): 15314 – 15317.

[95]YANG M, ALLARD L F, FLYTZANI – STEPHANOPOULOS M. Atomically dispersed $Au – (OH)_x$ species bound on titania catalyze the low – temperature water – gas shift reaction[J]. Journal of the American Chemical Society, 2013, 135(10): 3768 – 3771.

[96]SUN S H, ZHANG G X, GAUQUELIN N, et al. Single – atom catalysis using Pt/graphene achieved through atomic layer deposition[J]. Scientific Reports, 2013, 3: 1775.

[97]WANG L, ZHANG S R, ZHU Y, et al. Catalysis and in situ studies of Rh_1/Co_3O_4 nanorods in reduction of NO with H_2[J]. ACS Catalysis, 2013, 3(5): 1011 – 1019.

[98]BOUCHER M B, ZUGIC B, CLADARAS G, et al. Single atom alloy surface analogs in $Pd_{0.18}Cu_{15}$ nanoparticles for selective hydrogenation reactions[J]. Physical Chemistry Chemical Physics, 2013, 15(29): 12187 – 12196.

[99]WEI H S, LIU X Y, WANG A Q, et al. FeO_x – supported platinum single – atom and pseudo – single – atom catalysts for chemoselective hydrogenation of functionalized nitroarenes[J]. Nature Communications, 2014, 5: 5634.

[100]YANG M, LI S, WANG Y, et al. Catalytically active $Au – O(OH)_x$ –

species stabilized by alkali ions on zeolites and mesoporous oxides[J].
Science, 2014, 346(6212): 1498 – 1501.

[101]GU X K, QIAO B T, HUANG C Q, et al. Supported single Pt_1/Au_1 atoms for
methanol steam reforming[J]. ACS Catalysis, 2014, 4(11): 3886 – 3890.

[102] LIANG J X, LIN J, YANG X F, et al. Theoretical and experimental
investigations on single – atom catalysis: Ir_1/FeO_x for CO oxidation[J].
Journal of Physical Chemistry C, 2014, 118(38): 21945 – 21951.

[103] LIU J Y. Catalysis by supported single metal atoms[J]. ACS Catalysis,
2017, 7(1): 34 – 59.

[104]THOMAS J M, RAJA R, LEWIS D W. Single – site heterogeneous catalysts
[J]. Angewandte Chemie International Edition, 2005, 44 (40):
6456 – 6482.

[105] GREEGOR R B, LYTLE F W. Morphology of supported metal clusters:
determination by EXAFS and chemisorption[J]. Journal of Catalysis, 1980,
63(2): 476 – 486.

[106]ALEXEEV O, GATES B C. EXAFS characterization of supported metal –
complex and metal – cluster catalysts made from organometallic precursors
[J]. Topics in Catalysis, 2000, 10: 273 – 293.

[107] GATES B C. Supported metal clusters: synthesis, structure, and catalysis
[J]. Chemical Reviews, 1995, 95(3): 511 – 522.

[108]WANG G J, SU J, GONG Y, et al. Chemistry on single atoms: spontaneous
hydrogen production from reactions of transition – metal atoms with methanol
at cryogenic temperatures [J]. Angewandte Chemie International Edition,
2010, 49(7): 1302 – 1305.

[109]WEI H S, LIU X Y, WANG A Q, et al. FeO_x – supported platinum single –
atom and pseudo – single – atom catalysts for chemoselective hydrogenation of
functionalized nitroarenes[J]. Nature Communications , 2014, 5: 5634.

[110]RYCZKOWSKI J. IR spectroscopy in catalysis[J]. Catalysis Today, 2001,
68(4): 263 – 381.

[111]LAMBERTI C, ZECCHINA A, GROPPO E, et al. Probing the surfaces of

heterogeneous catalysts by in situ IR spectroscopy [J]. Chemical Society Reviews, 2010, 39(12): 4951 – 5001.

[112] YATES J T, WORLEY S D, DUNCAN T M, et al. Catalytic decomposition of formaldehyde on single rhodium atoms[J]. The Journal of Chemical Physics, 1979, 70: 1225 – 1230.

[113] ZHOLOBENKO V L, LEI G D, CARVILL B T, et al. Identification of isolated Pt atoms in H – mordenite [J]. Journal of the Chemical Society, Faraday Transactions, 1994, 90(1): 233 – 238.

[114] MATSUBU J C, YANG V N, CHRISTOPHER P. Isolated metal active site concentration and stability control catalytic CO_2 reduction selectivity [J]. Journal of the American Chemical Society, 2015, 137(8): 3076 – 3084.

[115] KALE M J, CHRISTOPHER P. Utilizing quantitative in situ FTIR spectroscopy to identify well – coordinated Pt atoms as the active site for CO oxidation on Al_2O_3 – supported Pt catalysts[J]. ACS Catalysis, 2016, 6(8): 5599 – 5609.

[116] DING K, GULEC A, JOHNSON A M, et al. Identification of active sites in CO oxidation and water – gas shift over supported Pt catalysts[J]. Science, 2015, 350(6257): 189 – 192.

[117] ZHANG W P, XU S T, HAN X W, et al. In situ solid – state NMR for heterogeneous catalysis: a joint experimental and theoretical approach [J]. Chemical Society Reviews, 2012, 41(1): 192 – 210.

[118] KWAK J H, HU J Z, MEI D H, et al. Coordinatively unsaturated Al^{3+} centers as binding sites for active catalyst phases of platinum on γ – Al_2O_3 [J]. Science, 2009, 325(5948): 1670 – 1673.

[119] CORMA A, SALNIKOV O G, BARSKIY D A, et al. Single – atom gold catalysis in the context of developments in parahydrogen – induced polarization [J]. Chemistry, 2015, 21(19): 7012 – 7015.

[120] LI X N, WANG H Y, YANG H B, et al. In situ/operando characterization techniques to probe the electrochemical reactions for energy conversion[J]. Small Methods, 2018, 2(6): 1700395.

[121]ZHU K Y, ZHU X F, YANG W S. Application of in situ techniques for the characterization of NiFe – based Oxygen Evolution Reaction (OER) electrocatalysts[J]. Angewandte Chemie International Edition, 2019, 58 (5): 1252 – 1265.

[122]YUAN Y F, LI M, BAI Z Y, et al. The absence and importance of operando techniques for metal – free catalysts [J]. Advanced Materials, 2018, 31 (13):1805609.

[123] LUKASHUK L, FOETTINGER K. In situ and operando spectroscopy: a powerful approach towards understanding catalysts [J]. Johnson Matthey Technology Review, 2018, 62(3): 316 – 331.

[124]KOLEŻYŃSKI A, KRÓL M. Molecular spectroscopy—experiment and theory: from molecules to functional materials[M] Cham: Springer Cham, 2019.

[125]BAÑARES M A. Operando methodology: combination of in situ spectroscopy and simultaneous activity measurements under catalytic reaction conditions [J]. Catalysis Today, 2005, 100(1 –2): 71 –77.

[126]BAÑARES M A. Operando spectroscopy: the knowledge bridge to assessing structure – performance relationships in catalyst nanoparticles[J]. Advanced Materials, 2011, 23(44): 5293 –5301.

[127]LI X N, YANG X F, ZHANG J M, et al. In situ/operando techniques for characterization of single – atom catalysts[J]. ACS Catalysis, 2019, 9(3): 2521 –2531.

[128]HISATOMI T, DOMEN K. Reaction systems for solar hydrogen production via water splitting with particulate semiconductor photocatalysts [J]. Nature Catalysis, 2019, 2: 387 –399.

[129] WANG Z, LI C, DOMEN K. Recent developments in heterogeneous photocatalysts for solar – driven overall water splitting[J]. Chemical Society Reviews, 2019, 48(7): 2109 –2125.

[130] ZHANG H B, ZUO S W, QIU M, et al. Direct probing of atomically dispersed Ru species over multi – edged TiO_2 for highly efficient photocatalytic hydrogen evolution[J]. Science Advances, 2020, 6(39): eabb9823.

[131] CHEN Y J, JI S F, SUN W M, et al. Engineering the atomic interface with single platinum atoms for enhanced photocatalytic hydrogen production[J]. Angewandte Chemie International Edition, 2020, 59(3): 1295 – 1301.

[132] JIANG X H, ZHANG L S, LIU H Y, et al. Silver single atom in carbon nitride catalyst for highly efficient photocatalytic hydrogen evolution [J]. Angewandte Chemie International Edition, 2020, 59(51): 23112 – 23116.

[133] FANG X Z, SHANG Q C, WANG Y, et al. Single Pt atoms confined into a metal – organic framework for efficient photocatalysis [J]. Advanced Materials, 2018, 30(7): 1705112.

[134] ZHANG S, ZHAO Y X, SHI R, et al. Efficient photocatalytic nitrogen fixation over $C^{\delta+}$ – modified defective ZnAl – layered double hydroxide nanosheets[J]. Advanced Energy Materials, 2020, 10(8): 1901973.

[135] WU W L, CUI E X, ZHANG Y, et al. Involving single – atom silver(0) in selective dehalogenation by AgF under visible – light irradiation[J]. ACS Catalysis, 2019, 9(7): 6335 – 6341.

[136] YANG J J, SUN Z Z, YAN K L, et al. Single – atom – nickel photocatalytic site – selective sulfonation of enamides to access amidosulfones[J]. Green Chemistry, 2021, 23(7): 2756 – 2762.

[137] ZHAO X, DENG C Y, MENG D, et al. Nickel – coordinated carbon nitride as a metallaphotoredox platform for the cross – coupling of aryl halides with alcohols[J]. ACS Catalysis, 2020, 10(24): 15178 – 15185.

[138] QU J F, CHEN D Y, LI N J, et al. Ternary photocatalyst of atomic – scale Pt coupled with MoS_2 Co – loaded on TiO_2 surface for highly efficient degradation of gaseous toluene[J]. Applied Catalysis B: environmental, 2019, 256(5): 117877.

[139] VILÉ G, SHARMA P, NACHTEGAAL M, et al. An earth – abundant Ni – based single – atom catalyst for selective photodegradation of pollutants[J]. Solar RRL, 2021, 5(7): 2100176.

[140] ZHAO Z W, ZHANG W, LIU W, et al. Activation of sulfite by single – atom Fe deposited graphitic carbon nitride for diclofenac removal: the synergetic

effect of transition metal and photocatalysis [J]. Chemical Engineering Journal, 2021, 407: 127167.

[141]WANG Y B, ZHAO X, CAO D, et al. Peroxymonosulfate enhanced visible light photocatalytic degradation bisphenol A by single – atom dispersed Ag mesoporous g – C_3N_4 hybrid[J]. Applied Catalysis B: environmental, 2017, 211(15): 79 – 88.

[142] DONG Z Y, ZHANG L, GONG J, et al. Covalent organic framework nanorods bearing single Cu sites for efficient photocatalysis [J]. Chemical Engineering Journal, 2021, 403(1): 126383.

[143]LU Y B, ZHANG Z H, WANG H M, et al. Toward efficient single – atom catalysts for renewable fuels and chemicals production from biomass and CO_2 [J]. Applied Catalysis B: Environmental, 2021, 292: 120162.

[144] CESTELLOS – BLANCO S, ZHANG H, KIM J M, et al. Photosynthetic semiconductor biohybrids for solar – driven biocatalysis[J]. Nature Catalysis, 2020, 3: 245 – 255.

[145]LI Y X, WANG S Y, WANG X S, et al. Facile top – down strategy for direct metal atomization and coordination achieving a high turnover number in CO_2 photoreduction[J]. Journal of the American Chemical Society, 2020, 142 (45): 19259 – 19267.

[146] WANG J, HEIL T, ZHU B C, et al. A single Cu – center containing enzyme – mimic enabling full photosynthesis under CO_2 reduction[J]. ACS Nano, 2020, 14(7): 8584 – 8593.

[147] SHARMA P, KUMAR S, TOMANEC O, et al. Carbon nitride – based ruthenium single atom photocatalyst for CO_2 reduction to methanol[J]. Small, 2021, 17(16): 2006478.

[148]WANG Z, FENG J J, LI X L, et al. Au – Pd nanoparticles immobilized on TiO_2 nanosheet as an active and durable catalyst for solvent – free selective oxidation of benzyl alcohol[J]. Journal Colloid and Interface Science, 2021, 588: 787 – 794.

[149]DU M M, SUN D H, YANG H W, et al. Influence of Au particle size on

Au/TiO_2 catalysts for CO oxidation[J]. The Journal of Physical Chemistry C, 2014, 118(33): 19150 – 19157.

[150] TSUKAMOTO D, SHIRAISHI Y, SUGANO Y, et al. Gold nanoparticles located at the interface of anatase/rutile TiO_2 particles as active plasmonic photocatalysts for aerobic oxidation[J]. Journal of the American Chemical Society, 2012, 134: 6309 – 6315.

[151] BIAN J, FENG J N, ZHANG Z Q, et al. Dimension – matched zinc phthalocyanine/$BiVO_4$ ultrathin nanocomposites for CO_2 reduction as efficient wide – visible – light – driven photocatalysts via a cascade charge transfer[J]. Angewandte Chemie International Edition, 2019, 58(32): 10873 – 10878.

[152] WANG Q, WU W, CHEN J F, et al. Novel synthesis of ZnPc/TiO_2 composite particles and carbon dioxide photo – catalytic reduction efficiency study under simulated solar radiation conditions[J]. Colloids and Surfaces A: Physicochemical and Engineering Aspects, 2012, 409(5): 118 – 125.

[153] KHURANA P, THATAI S, CHAURE N B, et al. Solution – processed copper phthalocyanine – gold nanoparticle hybrid nanocomposite thin films [J]. Thin Solid Films, 2014, 565(28): 202 – 206.

[154] BIAN J, FENG J N, ZHANG Z Q, et al. Graphene – modulated assembly of zinc phthalocyanine on $BiVO_4$ nanosheets for efficient visible – light catalytic conversion of CO_2 [J] Chemical Communications, 2020, 56 (36): 4926 – 4929.

[155] SHI Y B, ZHAN G M, LI H, et al. Simultaneous manipulation of bulk excitons and surface defects for ultrastable and highly selective CO_2 photoreduction[J]. Advanced Materials, 2021, 33(38): 2100143.

[156] WANG K, CAO M Y, LU J B, et al. Operando DRIFTS – MS investigation on plasmon – thermal coupling mechanism of CO_2 hydrogenation on Au/TiO_2: the enhanced generation of oxygen vacancies [J]. Applied Catalysis B: Environmental, 2021, 296(5): 120341.

[157] LIANG Q H, HUANG Z H, KANG F Y, et al. Holey graphitic carbon nitride nanosheets with carbon vacancies for highly improved photocatalytic hydrogen

production [J]. Advanced Functional Materials, 2015, 25 (44): 6885 – 6892.

[158] RAN J R, GUO W W, WANG H L, et al. Metal – free 2D/2D phosphorene/ g – $C_3 N_4$ Van der Waals heterojunction for highly enhanced visible – light photocatalytic H_2 production [J]. Advanced Materials, 2018, 30 (25): 1800128

[159] CHU X Y, QU Y, ZADA A, et al. Ultrathin phosphate – modulated Co phthalocyanine/g – $C_3 N_4$ heterojunction photocatalysts with single Co—N_4 (Ⅱ) sites for efficient O_2 activation [J]. Advanced Science, 2020, 7: 2001543.

[160] CHOI J, WAGNER P, GAMBHIR S, et al. Steric modification of a cobalt phthalocyanine/graphene catalyst to give enhanced and stable electrochemical CO_2 reduction to CO[J]. ACS Energy Letters, 2019, 4(3): 666 –672.

[161] WÜRTHNER F, KAISER T E, SAHA – MÖLLER C R. J – aggregates: from serendipitous discovery to supramolecular engineering of functional dye materials[J]. Angewandte Chemie International Edition, 2011, 50 (15): 3376 – 3410.

[162] WANG Y, DU P P, PAN H Z, et al. Increasing solar absorption of atomically thin 2D carbon nitride sheets for enhanced visible – light photocatalysis[J]. Advanced Materials, 2019, 31(40): 1807540.

[163] SZYBOWICZ M, BAŁA W, FABISIAK K, et al. Micro – raman spectroscopic investigations of cobalt phthalocyanine thin films deposited on quartz and diamond substrates[J]. Crystal Research and Technology, 2010, 45(12): 1265 – 1271.

[164] LI D P, GE S X, YUAN T C, et al. Green synthesis and characterization of crystalline zinc phthalocyanine and cobalt phthalocyanine prisms by a simple solvothermal route[J]. CrystEngComm, 2018, 20(19): 2749 –2758.

[165] KUMAR A, NAUMENKO D, COZZARINI L, et al. Influence of substrate on molecular order for self – assembled adlayers of CoPc and FePc[J]. Journal of Raman Spectroscopy, 2018, 49(6): 1015 – 1022.

[166] CHENG L, YIN H, CAI CHAO, et al. Single Ni atoms anchored on porous few - layer g - C_3N_4 for photocatalytic CO_2 reduction: the role of edge confinement[J]. Small, 2020, 16(28): 2002411.

[167] REN X Y, LIU S, LI H C, et al. Electron - withdrawing functional ligand promotes CO_2 reduction catalysis in single atom catalyst[J]. Science China Chemistry, 2020, 63: 1727 - 1733.

[168] WINDLE C D, WIECZOREK A, XIONG L Q, et al. Covalent grafting of molecular catalysts on $C_3N_xH_y$ as robust, efficient and well - defined photocatalysts for solar fuel synthesis[J]. Chemical Science, 2020, 11(22): 8425 - 8432.

[169] WANG Y Y, QU Y, QU B H, et al. Construction of six - oxygen - coordinated single Ni sites on g - C_3N_4 with boron - oxo species for photocatalytic water - activation - induced CO_2 reduction [J]. Advanced Materials, 2021, 33(48), 2105482.

[170] HUNT P A, ASHWORTH C R, MATTHEWS R P. Hydrogen bonding in ionic liquids[J]. Chemical Society Review, 2015, 44(5): 1257 - 1288.

[171] Putz M V, Russo N, Sicilia E. About the Mulliken electronegativity in DFT [J]. Theoretical Chemistry Accounts, 2005, 114: 38 - 45.

[172] YANG T, FUKUDA R, HOSOKAWA S, et al. A theoretical investigation on CO oxidation by single - atom catalysts M_1/γ - Al_2O_3 (M = Pd, Fe, Co, and Ni)[J]. ChemCatChem, 2017, 9(7): 1222 - 1229.

[173] ZHAN H Y, ZHOU Q X, LI M M, et al. Photocatalytic O_2 activation and reactive oxygen species evolution by surface B—N bond for organic pollutants degradation[J]. Applied Catalysis B: Environmental, 2022, 310: 121329.

[174] WANG S B, WANG X C. Imidazolium ionic liquids, imidazolylidene heterocyclic carbenes, and zeolitic imidazolate frameworks for CO_2 capture and photochemical reduction[J]. Angewandte Chemie International Edition, 2016, 55(7): 2308 - 2320.

[175] HU K, LI Z J, BAI L L, et al. Synergetic subnano Ni - and Mn - oxo clusters anchored by chitosan oligomers on 2D g - C_3N_4 boost photocatalytic

CO_2 reduction[J]. Solar RRL, 2020, 5(6): 2000472.

[176] GODIN R, WANG Y O, ZWIJNENBURG M A, et al. Time – resolved spectroscopic investigation of charge trapping in carbon nitrides photocatalysts for hydrogen generation [J]. Journal of the American Chemical Society, 2017, 139(14): 5216 – 5224.

[177] KASAP H, CAPUTO C A, MARTINDALE B C M, et al. Solar – driven reduction of aqueous protons coupled to selective alcohol oxidation with a carbon nitride – molecular Ni catalyst system [J]. Journal of the American Chemical Society, 2016, 138(29): 9183 – 9192.

[178] ROSEN B A, SALEHI – KHOJIN A, THORSON M R, et al. Ionic liquid – mediated selective conversion of CO_2 to CO at low overpotentials [J]. Science, 2011, 334(6056): 643 – 644.

[179] QADIR M I, ZANATTA M, PINTO J, et al. Reverse semi – combustion driven by titanium dioxide – ionic liquid hybrid photocatalyst [J]. ChemSusChem, 2020, 13(20): 5580 – 5585.

[180] PENG Y L, SZETO K C, SANTINI C C, et al. Study of the parameters impacting the photocatalytic reduction of carbon dioxide in ionic liquids [J]. ChemPhotoChem, 2021, 5(8): 692 – 693.

[181] KANG X C, ZHU Q G, SUN X F, et al. Highly efficient electrochemical reduction of CO_2 to CH_4 in an ionic liquid using a metal – organic framework cathode[J]. Chemical Science, 2016, 7(1): 266 – 273.

[182] Wagner A, Sahm C D, Reisner E. Towards molecular understanding of local chemical environment effects in electro – and photocatalytic CO_2 reduction [J]. Nature Catalysis, 2020, 3: 775 – 786.